これでわかる算数 小学5年 文章題・図形

文英堂編集部　編

文英堂

この本の特色と使い方

❶ 教科書にピッタリあわせている。

❷ たいせつなこと(要点)がわかりやすく,ハッキリ書いてある。

❸ 確認テストやチャレンジテストなど問題がたくさんのせてある。

❹ 問題の考え方や解き方が,親切に書いてあり,実力が身につく。

❺ カラーの図や表がたくさんのっているので,楽しく勉強できる。中学入試にも利用できる。

 この本は,全国の小学校・じゅくの先生やお友だちに,"どんな本がいちばん役に立つか"をきいてつくった参考書です。

この本の組み立てと使い方

教科書のまとめ

● その単元で勉強することをまとめてあります。

▷ 予習のときに目を通すと,何を勉強するのかよくわかります。テスト前にも,わすれていないかチェックできます。

解説＋問題

 考え方　問題

 別の考え方　コーチ

 たいせつポイント

確認テスト

チャレンジテスト

● 各単元は,いくつかの小単元に分けてあります。小単元には「問題」,「確認テスト」,「チャレンジテスト」があります。

▷ 「問題」は,学習内容を理解するところです。ここで,問題の考え方・解き方を身につけましょう。

▷ 「コーチ」には,「問題」で勉強することと,覚えておかなければならないポイントなどをのせています。

▷ 「たいせつポイント」には,大事な事がらをわかりやすくまとめてあります。ぜひ,覚えておいてください。

▷ 「確認テスト」は,「問題」で勉強したことを確かめるところです。これだけでも,教科書の復習は十分です。

▷ 「チャレンジテスト」は,時間を決めて,テストの形で練習するところです。少し難しい問題も入っています。中学受験などの準備に役立ててください。

おもしろ算数

● 「おもしろ算数」では,ちょっと息をぬき,頭の体そうをしましょう。

もくじ

もくじ

もくじ

もくじ

もくじ

1 整数と小数，小数の かけ算・わり算

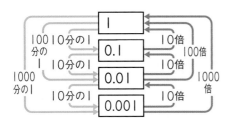

教科書の まとめ

☆ 整数・小数の表し方としくみ

▶ 1，0.1，0.01，0.001 の関係

```
              1
100  10分の1        10倍
 分の  10分の1        100倍
  1                0.1
1000 10分の1        1000
分の1  10分の1   0.01   倍
              0.001
```

▶ 整数や小数を 10 倍，100 倍，…すると，小数点は右へ 1 けた，2 けた，…うつる。また，10 分の 1，100分の 1，…にすると，小数点は左へ1けた，2 けた，…うつる。

☆ 小数のかけ算

▶ 筆算のしかた
❶ 小数点がないものとして計算する。
❷ 積の小数点を，かけられる数とかける数の小数点から下のけた数の和の分だけ左へうつ。

```
    6.3 ……1けた
  × 5.4 ……1けた
   2 5 2
   3 1 5
  3 4.0 2 ……2けた
```

☆ 小数のわり算

▶ 筆算のしかた
❶ わる数とわられる数の小数点を同じけた数だけ右にうつし，わる数を整数になおして計算する。
❷ 商の小数点は，わられる数のうつした小数点にそろえてうつ。あまりの小数点はわられる数のもとの小数点にそろえてうつ。

```
         1 5              3 4
  0.9)1 3.5        1.4)4 8.2
  10倍   9 10倍       4 2
        4 5             6 2
        4 5             5 6
          0             0.6
```

☆ 積や商の大きさ

▶ かける数と積との関係
かけ算では 1 より小さい数をかけると積はかけられる数より小さくなる。

▶ わる数と商との関係
わり算では 1 より小さい数でわると商はわられる数より大きくなる。

1 整数と小数のしくみ

 問題 1 **小数の表し方**

北駅と南駅の間は 3645m はなれています。
3645m を km 単位で表しましょう。

 コーチ

●3.645 は
 1 を 3 個
 0.1 を 6 個
 0.01 を 4 個
 0.001 を 5 個
合わせた数
●3.645 は
 0.001 を 3645 個
集めた数

●3.6 4 5

一の位
小数点
10分の1の位（小数第一位）
100分の1の位（小数第二位）
1000分の1の位（小数第三位）

 考え方

小数を使うと，m単位を km単位になおすことができます。

1000m	1km
100m ……1kmの10分の1……	0.1km
10m……0.1kmの10分の1……	0.01km
1m……0.01kmの10分の1……	0.001km

3645mは， 3000m と 600m と 40m と 5m
 ↓ ↓ ↓ ↓
 3km 0.6km 0.04km 0.005m

答 3.645km

 問題 2 **小数のしくみ**

51.48 を 10 倍，100 倍した数と，$\frac{1}{10}$，$\frac{1}{100}$ にした数を求めましょう。

 コーチ

●10倍 51.48
 100倍 51.48

 $\frac{1}{10}$ 5.1.48

 $\frac{1}{100}$ 0.51.48

 **考え方**

整数や小数を，10倍，100倍，…すると，小数点は右へ1けた，2けた，…うつります。また，$\frac{1}{10}$，$\frac{1}{100}$，…にすると，小数点は左へ1けた，2けた，…うつります。

	5148	
$\frac{1}{10}$ (	514.8	)10倍
$\frac{1}{10}$ (	51.48	)10倍
$\frac{1}{100}$	5.148	)10倍
$\frac{1}{10}$ (	0.5148	)10倍

100倍

答 10倍…514.8, 100倍…5148
 $\frac{1}{10}$…5.148, $\frac{1}{100}$…0.5148

小数点を動かせばいいね。

確認テスト

1 〔小数のしくみ〕
次の（　　）の中にあてはまる数を書きましょう。　　　　　　［各5点…合計20点］

(1) 1を4個, 0.1を6個, 0.01を2個, 0.001を8個合わせた数は
（　　　　　）です。

(2) 1.92は, 0.01を（　　　　　）個集めた数です。

(3) 0.326は,（　　　　　）を3個,（　　　　　）を2個,（　　　　　）を6個合わ
せた数です。

(4) 2.194の $\frac{1}{100}$ の位の数字は（　　　　　）です。

2 〔小数のしくみ〕
次の数を求めましょう。　　　　　　　　　　　　　　　　　［各5点…合計30点］

(1) 0.04を10倍した数　　　　　　(2) 0.17を100倍した数

(3) 3.02を $\frac{1}{10}$ にした数　　　　　　(4) 4.5を $\frac{1}{100}$ にした数

(5) 0.1を6個, 0.001を8個合わせた数　　(6) 0.001を530個集めた数

3 〔小数のしくみ〕
次の答えを求めましょう。　　　　　　　　　　　　　　　　［各5点…合計20点］

(1) 1.35×100　　　　　　　　(2) 0.125×1000

(3) 0.56÷100　　　　　　　　(4) 8.5÷1000

4 〔数字の大小〕
次の数のうち, □のところは文字が消えていて数がわからないところです。
□のところには1つだけ数が入るそうです。できた数が大きい順に(ア)～(オ)の記号をな
らべましょう。　　　　　　　　　　　　　　　　　　　　　　　　　　　［10点］

(ア) 4□68　　(イ) 5□37　　(ウ) □8531　　(エ) 4992　　(オ) 5015

5 〔単位のかん算〕
〔　　〕にあてはまる数を書きましょう。　　　　　　　　　　［各5点…合計20点］

(1) 〔　　　　　〕mm＝12.5cm＝〔　　　　　〕m

(2) 〔　　　　　〕cm²＝45.31m²＝〔　　　　　〕mm²

② 小数のかけ算・わり算

問題❶ 小数のかけ算

1Lの重さが0.9kgの油があります。
この油0.7Lは，何kgになりますか。

考え方　1Lの重さ×かさ＝全体の重さ　ですから
式は　0.9×0.7 です。

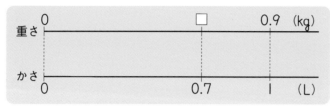

0.7Lは7Lの$\frac{1}{10}$ですから，7Lの重さを求めて10でわります。

$$0.9×0.7＝0.9×7÷10$$
$$＝6.3÷10$$
$$＝0.63（kg）$$

答　0.63kg

問題❷ 小数倍

みさきさんの身長は1.35mで，お母さんの身長はその1.2倍だそうです。
お母さんの身長は何mでしょう。

考え方　小数倍にあたる大きさは，整数倍にあたる大きさを求めるときと同じように，かけ算の式で求められます。
式は　1.35×1.2 です。

積の小数点は，かけられる数とかける数の
小数点から下のけた数の和のぶん（3けた）
左へうちます。
1.35×1.2＝1.62（m）

答　1.62m

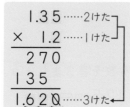

コーチ

●ある数量を求めるとき，小数×小数 の場合でも整数×整数と同じように式をたてる。

●小数をかけるとき，かける数を整数にして計算し，積が小数をかけたときの何倍になっているかを考える。

$$0.9×0.7＝0.63$$
10倍　10倍　$\frac{1}{10}$
$$0.9× 7 ＝6.3$$

コーチ

●26×53の計算をもとにして，次のようにかけ算の積を求めることができる。

小数のかけ算・わり算では，小数点の位置に注意しよう。
わられる数＝わる数×商＋あまりの関係式はわすれないこと。

 問題 3　小数のわり算

4.5L のペンキの重さをはかると，5.85kg でした。
このペンキ 1L あたりの重さを求めましょう。

 コーチ

●小数÷小数のときもわる数が整数になるように，わる数とわられる数に同じ数をかけて計算する。

$$4.5 \div 0.9$$
$$\downarrow \text{10倍} \quad \downarrow \text{10倍}$$
$$= 45 \div 9$$
$$= 5$$

考え方　全体の重さ÷全体のかさ＝1L あたりの重さ　ですから式は　5.85÷4.5

| 重さ | 0 | □ | | 5.85 (kg) |
| かさ | 0 | 1 | | 4.5 (L) |

わる数を整数にするため，5.85 と 4.5 の両方に 10 をかけます。

$$(5.85 \times 10) \div (4.5 \times 10)$$
$$= 58.5 \div 45$$
$$= 1.3 \text{(kg)}$$

答 1.3kg

```
     1.3
4.5)5.8.5
     4 5
     1 3 5
     1 3 5
         0
```

 問題 4　あまりのあるわり算

4.6L のお茶を，0.6L 入る水とうに入れていきます。
何個の水とうをいっぱいにできますか。
また，お茶は何L あまりますか。

 コーチ

●あまりの小数点は，わられる数のもとの小数点にそろえてうつ。

●小数のわり算でも，答えの確かめは，次の式で行う。
わる数×商＋あまり
　　＝わられる数

考え方　式は　4.6÷0.6 です。
商は一の位まで求めて，あまりを出します。あまりの小数点は，わられる数のもとの小数点にそろえてうちます。

$$4.6 \div 0.6 = 7 \text{ あまり } 0.4$$

答 7個できて，0.4L あまる。

```
       7
0.6)4.6
     4 2
     0.4
      ↑
```
あまりの小数点はもとの小数点にそろえる。

 確かめ　確かめの式
$$0.6 \times 7 + 0.4 = 4.6 \quad \leftarrow \text{正しい}$$

たいせつ
ポイント
かけ算では，１より大きい数をかけると，かけられる数＜積となる。
わり算では，１より小さい数でわると，わられる数＜商となる。

問題 5 　商の四捨五入

面積が 10m² になるように，長方形の形をした花だんをつくります。
たての長さを 3.5m にすると，横の長さは何 m にすればよいでしょう。四捨五入して，上から２けたのがい数で求めましょう。

考え方　長方形の面積＝たて×横　だから
横＝面積÷たてで求められます。
　上から２けたのがい数にするには，上から３けためまで計算して，３けための数を四捨五入します。

$10 \div 3.5 = 2.85\cdots$

答 約 2.9m

```
          2.85
    3,5)10,0
         70
        300
        280
        200
        175
         25
```

コーチ

●商をがい数にするとき，求める位の１つ下の位を四捨五入する。

例
①商を上から１けたのがい数で求める。

上から２けためを四捨五入
$1.7 \div 3.8 = 0.44\cdots$

②商を $\frac{1}{100}$ の位までのがい数で求める。

$\frac{1}{1000}$ の位を四捨五入
↓
$1.7 \div 3.8 = 0.447\cdots$

問題 6 　積や商の大きさ

かける数やわる数に着目し，次の計算の答えが，大きい順に記号で答えましょう。

(1)　⑦ 3.8×1.3　　④ 3.8×1　　⑦ 3.8×0.57

(2)　⑦ 6.3÷1　　④ 6.3÷3.9　　⑦ 6.3÷0.48

考え方　(1)　かける数に着目します。かけ算では，**かける数が大きくなるほど，積も大きくなります。** したがって，かける数の大きい順になります。　　**答** ⑦，④，⑦

(2)　わる数に着目します。わり算では，**わる数が小さくなるほど，商は大きくなります。** したがって，わる数の小さい順になります。　　**答** ⑦，⑦，④

もっとくわしく　かけ算では，**かける数が１より大きいとき，積はかけられる数より大きくなり，かける数が１より小さいとき，積はかけられる数より小さくなります。** また，わり算では，**わる数が１より大きいとき，商はわられる数より小さくなり，わる数が１より小さいとき，商はわられる数より大きくなる**という性質があります。

コーチ

●小数のかけ算では，１より小さい数をかけると，その積はかけられる数より小さくなる。
$4 \times 0.5 = 2$
4 より小さい

●小数のわり算では，１より小さい数でわると，その商はわられる数より大きくなる。
$4 \div 0.5 = 8$
4 より大きい

確認テスト

❶ 〔小数×小数〕

1m² のかべにペンキをぬるのに，0.7L のペンキが必要です。
4.7m² のかべにペンキをぬるとき，何L のペンキがいるでしょう。 〔15点〕

❷ 〔小数倍〕

赤いリボンの長さは 2.45m です。白いリボンは赤いリボンの 0.4 倍の長さです。
白いリボンは何 m でしょう。 〔15点〕

❸ 〔小数のわり算〕

パーティーをするのに，1.8L 入りのジュースのペットボトルを 7 本買いました。このジュースをコップに 2.8dL ずつ分けると，何はい分に分けられますか。 〔15点〕

❹ 〔あまりのある小数のわり算〕

さとうが 84.7kg あります。これを 0.65kg ずつふくろにつめると，何ふくろできて，何 kg あまるでしょう。 〔15点〕

❺ 〔商を四捨五入する〕

2.7L のすなの重さをはかると，5.2kg ありました。このすな 1L の重さは何 kg ですか。四捨五入して，$\frac{1}{10}$ の位までのがい数で求めましょう。 〔20点〕

❻ 〔わる数と 1 との大小関係〕

次の⑦〜㋔について下の問いに答えましょう。 〔各10点…合計20点〕

　⑦　4.08 ÷ 1.7　　　　㋑　4.08 ÷ 0.2　　　　㋒　4.08 ÷ 1

　㋓　4.08 ÷ 0.96　　　㋔　4.08 ÷ 5.3

(1)　答えが 4.08 より大きくなるのはどれですか。

(2)　答えが小さくなる順に，記号をならべかえましょう。

1 326 × 5 = 1630 です。このことを使って，次の積を求めましょう。

[各5点…合計20点]

㋐ 32600 × 50

㋑ 3.26 × 500

㋒ 3260 × 0.05

㋓ 32.6 × 5

2 次の式の計算の結果が大きいものから順に，記号で答えましょう。 [10点]

㋐ 12345 ÷ 0.6789

㋑ 1.2345 ÷ 6789

㋒ 123.45 ÷ 6789

㋓ 12.345 ÷ 67.89

3 ある数を 0.75 でわるのをまちがえて，7.5 でわってしまったところ，商が 5，あまりが 5.5 になりました。 [各10点…合計20点]

(1) ある数を求めましょう。

(2) 正しい商はどうなりますか。整数で答え，あまりも出しましょう。

4 長さが 1.5m のはり金を折り曲げて，たての長さが 0.2m の長方形を作ります。 [各10点…合計20点]

(1) 横の長さは何 m ですか。

(2) できた長方形の面積は何 m² ですか。

5 落とした高さの 0.6 倍ずつはね上がるボールがあります。2 回目にはね上がった高さが 7.2m であったとき，最初，何 m の高さから落としたでしょうか。 [15点]

6 1L のガソリンで 7.2km 走る自動車があり，1000 円で 7.2L のガソリンが買えます。この自動車が 233.28km 走るのには，何円必要でしょう。 [15点]

チャレンジテスト②

1 厚紙100まいの厚さをはかったら，6.4cmでした。 [各10点…合計20点]

(1) この厚紙1まいの厚さは何cmでしょう。

(2) この厚紙1000まいの厚さは何cmでしょう。

2 0，1，2，7，9の数字が書かれたカードが，それぞれ1まいずつあります。4まいのカードと小数点を使ってできる小数について，次の問いに答えましょう。 [各10点…合計20点]

(1) できる数のうちで，いちばん大きい数からいちばん小さい数をひくと，どれだけになるでしょう。

(2) できる数のうちで，いちばん1に近い数を書きましょう。

3 下の図のようなそう置に数を入れます。次の問いに答えましょう。 [各15点…合計30点]

| → | 0.1倍する | 0.5をたす | 小数点以下を切り捨てる | 10倍する | → |

(1) このそう置に7を入れて出てくる数を求めましょう。

(2) このそう置に整数を入れて，20が出るようにします。入れる整数は何個あるでしょう。

4 ゆかさんの体重はお母さんの体重の0.7倍で，お母さんはお姉さんの体重より13kg重いそうです。お姉さんの体重が42kgのとき，ゆかさんの体重は何kgでしょう。 [15点]

5 つよしさんの家から学校，駅，図書館までの道のりを調べました。家から図書館までの道のりは6.3kmで，これは家から駅までの道のりの2.5倍です。家から駅までの道のりは，家から学校までの道のりの2.8倍です。つよしさんの家から学校までの道のりは何kmでしょう。 [15点]

カルシウムは元気の素！

みなさんも，そろそろ成長期。カルシウムは，ほねや歯の素になる栄養素で，この時期に十分とっていないと，身長が十分のびずに成長期が終わってしまうこともあります。

11才のみなさんに1日に必要なカルシウムの量は 0.7g。下の食品は比かく的カルシウムをとりやすい食品ですが，毎日きちんと 0.7g とるのはむずかしいことがわかりますね。何をどのくらい食べるとよいか，考えてみましょう。

牛にゅう，チーズ，ヨーグルトのカルシウムは特に吸収がよくていいんだよ。

牛にゅう
コップ1ぱいで
0.2g

ヨーグルト
100g で
0.11g

チーズ
100g で
0.46g

ししゃも
7〜8 ぴきで
0.6g

とうふ
半丁で
0.12g

ココア
カップ1ぱいで
0.18g

2 直方体や立方体の体積

教科書のまとめ

☆ 体積の単位

▶ | cm³…| 辺が | cm の立方体の体積

▶ | m³ …| 辺が | m の立方体の体積

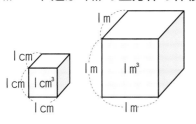

☆ cm³, m³ と, mL, dL, L

▶ cm³, m³ と, mL, dL, L はかん算ができる。

$$| mL = | cm³$$
$$| dL = | 00 cm³$$
$$| L = | 000 cm³$$
$$| 000 L = | 000000 cm³ = | m³$$

☆ 体積を求める公式

▶ 直方体の体積＝たて×横×高さ

▶ 立方体の体積
　　　＝| 辺×| 辺×| 辺

複雑な形の立体の体積も

㋐ 分けて考える　　Ⓐ＋Ⓑ＋Ⓒ

㋑ 大きな形から小さい形を
　　ひいて考える　　Ⓓ－Ⓔ

などとして, 公式が使える形にする。

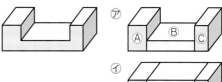

☆ 容積

▶ 入れものの中にいっぱい入れた水の体積。

例 右の入れものの容積

$$| 2 × | | × | 4$$
$$= | 848（cm³）$$

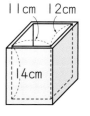

直方体・立方体の体積

問題 1　単位をそろえる

たて 8m，横 3m，深さ 2m の直方体の形をしたプールがあります。このプールに 90cm の深さまで水を入れると水は何 ㎥ 入るでしょう。また，30㎥ の水を入れると水面の高さは底から何 m になりますか。

m と cm がまじっていて，求める答えは m ですから，90cm は m になおして 0.9m とします。

$$8 \times 3 \times 0.9 = 21.6 (㎥)$$

答　21.6㎥

たて×横×高さ＝体積の公式から，高さが求められます。

高さ＝体積÷たて÷横　より

$$30 \div 8 \div 3 = 1.25 (m)$$

答　1.25m

●直方体や立方体の体積を求める公式は，辺の長さが小数のときにも使える。

●直方体の体積
＝たて×横×高さ

●立方体の体積
＝1辺×1辺×1辺

●長さが m や cm など両方を使って表されているときは，m か cm のどちらかにそろえて，公式にあてはめる。

問題 2　くふうして体積を求める

右の図のような形をした立体の体積を求めましょう。

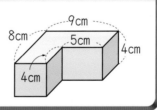

●直方体や立方体の形をしていない立体の体積はくふうして求めることができる。
①大きな直方体や立方体から一部が欠けた形として考える。
②直方体や立方体を合わせた形として考える。

大きな直方体の体積から，小さな直方体の体積をひきます。

$$8 \times 9 \times 4 - 4 \times 5 \times 4$$
$$= 208 (cm³)$$

答　208cm³

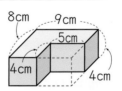

2 つの直方体に分けて考えてもよいです。

$$4 \times 9 \times 4 + 4 \times 4 \times 4$$
$$= 208 (cm³)$$

答　208cm³

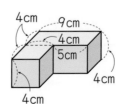

たいせつポイント
直方体の体積＝たて×横×高さ，立方体の体積＝１辺×１辺×１辺
石の体積＝水と石の体積－水の体積＝持ち上がった分の水の体積

問題3　不規則な形の体積

内側の長さが，たて 20cm，横40cm，高さ 30cm の水そうに，水が18cmの高さまで入っています。この中に石をしずめると，石はすっかり水につかって，水の高さは 23cm になりました。この石の体積を求めましょう。

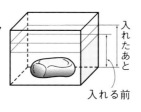
入れたあと
入れる前

コーチ

●石のように不規則な形の立体は，水の中にしずめると，水の高さが増えることから，体積を求めることができる。

●石を入れる前もあとも水だけの体積は変わらないので，
　石の体積
＝水と石の体積
　－水だけの体積
＝持ち上がった分の水の体積

考え方
石の体積＝水と石の体積－水だけの体積
　　　　＝持ち上がった分の水の体積　です。
20×40×23－20×40×18
＝18400－14400＝4000（cm³）　**答** 4000cm³

別の考え方
水の高さは，23－18＝5（cm）だけ増えたので
石の体積＝20×40×5＝4000（cm³）　**答** 4000cm³

問題4　容積

右の図のような容器があります。この容器に入る水の体積を求めましょう。

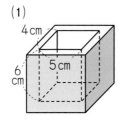
(1)
4cm
5cm
6cm

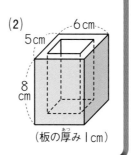
(2)
6cm
5cm
8cm
(板の厚み１cm)

コーチ

●入れ物の大きさは，その中にいっぱいに入れた水などの体積で表し，これをその入れ物の容積という。

●容積を求めるときは，入れ物の内側の部分の長さ（内のり）で考える。

考え方
入れ物の内側の長さを**内のり**といいます。入れ物の容積は内のりをかけあわせて求めます。

(1)　4×5×6＝120（cm³）　**答** 120cm³

(2)　(2)の容器は，外側の長さしかわかっていません。
　内側の長さは，板の厚みをひいて
　(5－2)×(6－2)×(8－1)＝84（cm³）　**答** 84cm³

もっとくわしく
外側の長さと板の厚みがわかる場合の内のりはたてと横は板の厚みを２回ひきますが，高さは１回しかひきません。

確認テスト①

答え➡別冊4ページ

時間**30**分　合格点**70**点　得点　／100

1 〔立体の体積〕

下の立体の体積を求めましょう。

[各10点…合計30点]

(1)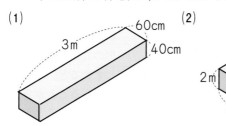

(2)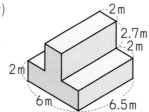

(3)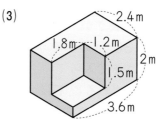

2 〔高さと体積を求める〕

底面が1辺12cmの正方形の形をした直方体の箱があります。これに，右のようにリボンをかけるのに1.38m使いました。このうち，結び目に使った分が30cmであるとき，箱の高さと体積を求めましょう。

[各10点…合計20点]

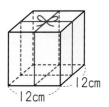

3 〔展開図から体積を求める〕

たて36cm，横48cmの長方形の形をしたブリキ板で，右の図のような展開図をかいて箱を作ります。これについて，次の問いに答えましょう。ただし，ブリキ板の厚さは考えません。

[各10点…合計20点]

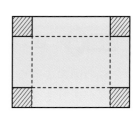

(1) 4すみから切り取る正方形の1辺の長さを8cmとすると，この箱に入る水の体積は何cm³ですか。

(2) この箱に3.2Lの水を入れたとき，水面の高さは何cmになりますか。

4 〔立方体の体積〕

下の図形は1辺が1cmの立方体を積んでできたものです。この立体の体積を求めましょう。

[各15点…合計30点]

(1)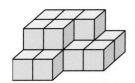

(2)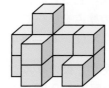

確認テスト②

答え➡別冊4ページ

得点　／100

1 〔展開図から体積を求める〕

右の展開図を組み立ててできる直方体の体積を求めましょう。　　　　　　　　　　　　　　　［10点］

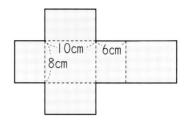

2 〔くふうして体積を求める〕

次の問いに答えましょう。［各15点…合計30点］

(1) 右の図1の立体の体積を求めましょう。

(2) 右の図2の立体は直方体の木材の 上側に，十文字にみぞをほったものです。この立体の体積を求めましょう。

図1　　　　図2

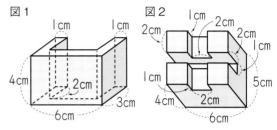

3 〔石の体積〕

内側の長さが右の図のような，直方体の容器A，Bがあります。いま，容器Aに水をいっぱい入れて，容器Bにその水をうつしました。

［各15点…合計30点］

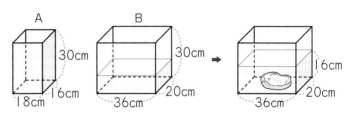

(1) 容器Bに入った水の水面の高さは何cmになりますか。

(2) (1)の水の入った容器Bの中に，図のように石をしずめると，石はすっかり水につかって，水面の高さが16cmになりました。このとき，石の体積は何cm³でしょう。

4 〔容積〕

右の図のような入れ物の容積は何cm³ですか。　　　［各15点…合計30点］

(1)

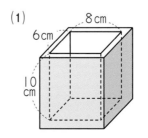

(2)

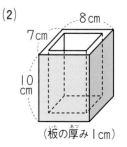

（板の厚み1cm）

チャレンジテスト①

1 次の立体の体積を求めましょう。ただし，(2)の立体は，1辺3cmの立方体から，たて1cm，横1cm，高さ3cmの直方体を3回くりぬいてつくった立体とします。　[各15点…合計30点]

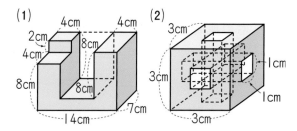

2 右の図の直方体の容器Aには水が水面の高さ68cmまで入っています。直方体の容器B，Cには水は入っていません。容器AからBに水をうつし，容器AとBの水面の高さを同じにします。次に，容器Bの中の水をすべて容器Cにうつします。
次の問いに答えましょう。　[各15点…合計30点]

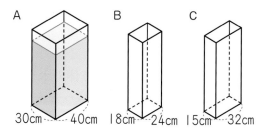

(1) 容器Aに残っている水の水面の高さは何cmですか。

(2) 容器Cの水面の高さは何cmになりますか。

3 たてが40cm，横が50cm，高さが15cmの直方体の水そうに12cmの高さまで水が入っています。　[各20点…合計40点]

(1) 図1のように，1辺が10cmの石でできた立方体のおもりを水の中に完全にしずめました。水の深さは何cmになりますか。

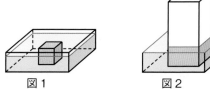

図1　　図2

(2) (1)で入れた立方体を取りのぞいて，今度は図2のように，底面のたてが20cm，横が25cm，高さが50cmの石でできた直方体を水そうの底につくように静かに入れました。水は何cm³こぼれますか。

チャレンジテスト②

1 厚さが1cmの板を使って，右の図のような直方体の形をしたますを作りました。 [合計25点]

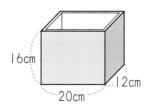

16cm　20cm　12cm

(1) このますには何Lの水が入りますか。 （5点）

(2) このますに使った板の体積は何cm³ですか。 （10点）

(3) このますに水を半分の高さまで入れたあと，1辺が3cmの立方体を10個しずめました。このとき，水面の高さは何cm上がりますか。 （10点）

2 右の図1のような直方体の容器に，深さ12cmのところまで水が入っています。図2は，この容器の底面から順に1個ずつ，1辺3cmの鉄の立方体を下から上へ積み重ねていった様子です。 [各15点…合計30点]

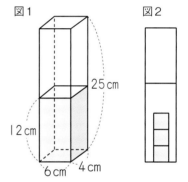

図1　図2　25cm　12cm　6cm　4cm

(1) 立方体がはじめて水面から出るのは，立方体を何個積み重ねたときですか。

(2) (1)のとき，立方体の水面から出ている部分の高さは何cmですか。

3 図1のような1辺10cmの立方体から直方体を切り取った形の容器に水を入れ，水平な台の上に置くと，水面の高さが4.5cmになりました。水がもれないようにこの容器にふたをして，図2のように容器を置きなおすと水面の高さが3.6cmになりました。このとき，次の問いに答えましょう。

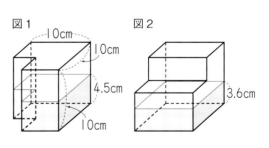

図1　10cm　10cm　4.5cm　10cm　図2　3.6cm

[各15点…合計45点]

(1) この容器に入れた水の量を求めましょう。

(2) この容器の容積を求めましょう。

(3) この容器を図3のように置きなおすとき，⑦は何cmになりますか。

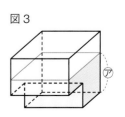

図3　⑦

重さと体積のかけ橋は？

重<ruby>さ<rt>おも</rt></ruby>や<ruby>体積<rt>たいせき</rt></ruby>の<ruby>単位<rt>たんい</rt></ruby>はいろいろあります。

cm³, m³	←体積の単位
mL, dL, L, kL	←体積の単位
mg, g, kg, t	←重さの単位

この<ruby>章<rt>しょう</rt></ruby>で 1cm³＝1mL，1000cm³＝1L という体積の間でのかん算は学びました。

では，重さと体積の間でのかん算はできないのでしょうか。

<ruby>実<rt>じつ</rt></ruby>は，水に<ruby>関<rt>かん</rt></ruby>して

$$1L = 1000cm³ = 1kg \qquad 1mL = 1cm³ = 1g$$

牛にゅうや<ruby>油<rt>あぶら</rt></ruby>ではダメ！

となります。

では，水 12.5dL は何 g でしょう？

こういう場合

$$k(キロ)は1000\underset{ばい}{倍}, \quad d(デシ)は\frac{1}{10}, \quad c(センチ)は\frac{1}{100}, \quad m(ミリ)は\frac{1}{1000}$$

という<ruby>意味<rt>いみ</rt></ruby>であることを考えて，下のようなかん<ruby>算<rt>ひょう</rt></ruby>表をつくると<ruby>便利<rt>べんり</rt></ruby>です。

×1000000

m³				cm³
	×1000		×1000	
kL		L	dL	mL
		1	2 . 5	
t		kg		g
	1	2	5	0

→ 1250g

☆ 合同な図形

▶ 合　同…2つの図形がきちんと重なるとき，これらの図形は**合同である**という。

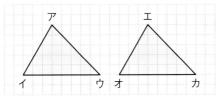

▶ 合同な図形において
対応する頂点…重なる頂点
対応する辺…重なる辺
対応する角…重なる角

☆ 合同な図形の性質

▶ **合同な図形の性質**
合同な図形では，対応する辺の長さは等しく，対応する角の大きさも等しい。

▶ **合同な三角形のかきかた**
合同な三角形をかくには
　❶ 3つの辺の長さ
　❷ 2つの辺の長さとその間の角
　❸ 1つの辺の長さとその両はしの角
のどれかをはかるとよい。

☆ 三角形と四角形の角

▶ 三角形の3つの角の大きさの和は180°になる。

▶ 四角形は，対角線で2つの三角形に分けることができる。四角形の4つの角の大きさの和は，180°の2つ分で360°になる。

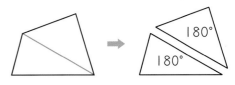

☆ 多角形の角

▶ **多角形**…直線だけで囲まれた図形を多角形という。

▶ 多角形の角の和は，多角形を対角線でいくつかの三角形に分けて考える。

1 三角形と四角形の合同

 問題 1　合同な図形

右の2つの図形は合同
です。

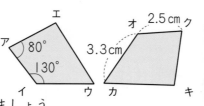

(1) 頂点イに対応する
　　頂点をいいましょう。
(2) 辺イウの長さを求めましょう。
(3) 角クの大きさを求めましょう。

 コーチ

●ずらしたり, うら返したりしてぴったり重なる場合も合同である。

●合同な図形では, 対応する辺の長さは等しく, 対応する角の大きさは等しい。

 考え方　(1) 2つの図形を重ねると, 頂点アと頂点ク, 頂点イと頂点オ, 頂点ウと頂点カ, 頂点エと頂点キが重なります。

答　頂点オ

(2) 辺イウに対応する辺は, 辺オカで3.3cmです。　**答　3.3cm**

(3) 角クに対応する角は角アです。角アは80°です。　**答　80°**

 問題 2　合同な三角形のかき方

右の三角形と合同な三角形を, 次の
3つのかき方でかきましょう。

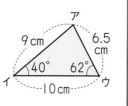

(1) 3つの辺の長さをはかってかく。
(2) 2つの辺の長さとその間の角の
　　大きさをはかってかく。
(3) 1つの辺の長さとその両はしの角の大きさをはかってかく。

 コーチ

●(1), (2), (3)のどのかき方も, まず1つの辺の長さをとってからかく。

●(1), (2), (3)のどれかが決まれば, 2つの三角形は合同になる。

●合同な四角形をかくには, 2つの三角形に分けてかけばよい。

考え方　三角形は3つの頂点の位置が決まればかくことができます。

(1)
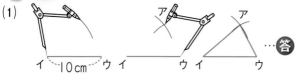
…答

(2)
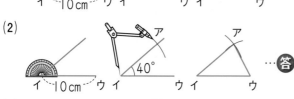
…答

(3)

…答

合同な四角形のかき方

右の四角形に
合同な四角形を
かく場合。

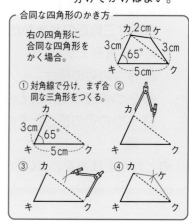

① 対角線で分け, まず合同な三角形をつくる。

確認テスト

①〔合同な三角形〕
次の三角形の中で合同なものの組をすべて答えましょう。　　　[20点]

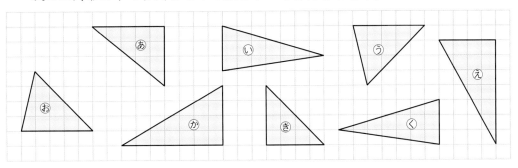

②〔合同な三角形〕
図の2つの図形は合同です。次の辺の長さや，角度を答えましょう。

[各5点…合計20点]

(1) 角E

(2) 角G

(3) 辺EF

(4) 辺HG

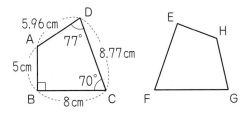

③〔合同な図形を見つける〕
次のような四角形 ABCD について，対角線 AC と対角線 BD をひき，その交わる点を O とするとき，三角形 AOB や，三角形 ABC と合同な三角形をすべて書きましょう。ただし，等脚台形とは上底や下底でない2辺の長さが等しい台形のことです。

[各10点…合計60点]

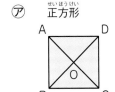 ⑦ 正方形

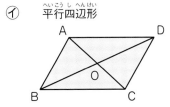 ⑦ 平行四辺形

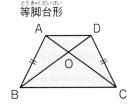 ⑨ 等脚台形

	⑦	⑦	⑨
三角形 AOB			
三角形 ABC			

② 三角形の角

下の図で，あ，いの角度は何度でしょう。

(1)

(2)
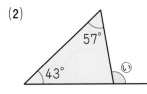

コーチ

●どんな三角形でも，3つの角の大きさの和は180°である。

●うの外側の角の角度はあ＋いと等しくなる。

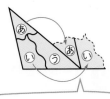

3つの角を1つの点に集めると，直線になるから180°

考え方
(1)　三角形の3つの角の大きさの和は180°だから，
　　　あの角度は　180°−(55°+50°)=75°

答 75°

(2)　いの角ととなり合う内側の角の大きさは
　　　180°−(43°+57°)=80°
　　　いの角度は　180°−80°=100°

答 100°

別の考え方
(2)　三角形の外側の角は，それととなり合わない2つの角の和に等しいから
　　　43°+57°=100°

答 100°

下の図で，あ，いの角度は何度でしょう。
ただし，(1)，(2)は，二等辺三角形です。

(1)

(2)
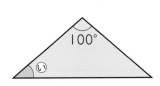

コーチ

●二等辺三角形の2つの角の大きさは等しい。

●正三角形は，3つの角の大きさがみんな等しいから，正三角形の1つの角の大きさは，180°÷3=60°である。

正三角形

考え方
(1)　二等辺三角形の2つの角の大きさは等しいから，残りの角の大きさも65°です。

あの角度は　180°−(65°+65°)=50°

答 50°

等しい

(2)　二等辺三角形の2つの角の大きさは等しいから，残りの角の大きさは，いの角度に等しくなります。
　　　いの角度は　(180°−100°)÷2=40°

答 40°

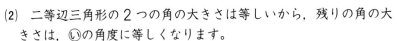

確認テスト

1 〔三角形の角〕
青色の部分の角の大きさを求めましょう。 [各10点…合計60点]

(1)

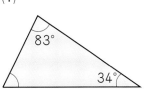

83° 34°

(2)

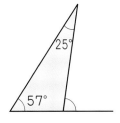

25° 57°

(3)

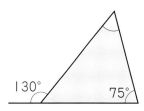

130° 75°

(4)

47°
二等辺三角形

(5)

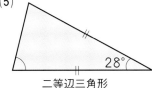

28°
二等辺三角形

(6)

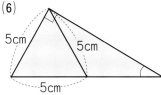

5cm 5cm 5cm

2 〔三角定規でつくる角〕
1組の三角定規を，下のように組み合わせました。あ，いの角度は何度でしょう。

(1)

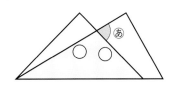

あ

(2) [各10点…合計20点]

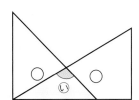

い

3 〔星形の図形にできる角〕
右の図のような星形の図形があります。 [各10点…合計20点]

(1) 角アの角度を求めましょう。

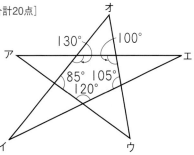

オ
130° 100°
ア エ
85° 105°
120°
イ ウ

(2) 角ア＋角イ＋角ウ＋角エ＋角オを求めましょう。

3 四角形の角, 多角形の角

下の図で, あ, いの角度を求めましょう。

(1)

85°

あ

70°   85°

(2)

55°

い

平行四辺形

 コーチ

●四角形の4つの角の大きさの和は, 360°である。下の図のように, 四角形は, 対角線で2つの三角形に分けることができる。
1つの三角形の3つの角の大きさの和が180°で, それが2つあるので360°になる。

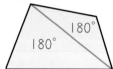

180°

180°

 考え方

(1) 四角形の4つの角の大きさの和は360°だから, あの角度は, 360°−(70°+85°+85°)＝120°

答 120°

(2) 平行四辺形の向かい合う角の大きさは等しいから, となり合う角の大きさの和は, 360°÷2＝180°になります。
いの角度は 180°−55°＝125°

55°

答 125°

直線で囲まれた図形を多角形といいます。
右の図は五角形です。
この五角形の5つの角の大きさの和は何度でしょう。

 コーチ

●三角形, 四角形, 五角形, …などのように, 直線で囲まれた図形を多角形という。

●多角形の角の大きさの和は, 対角線でいくつかの三角形に分けて考える。1つの頂点からひいた対角線で分けてできる三角形の数は,
辺の数−2
で求められる。

 考え方

1つの頂点から対角線をひき, いくつかの三角形に分けます。右の図のように, 五角形は3つの三角形に分けられるから
180°×3＝540°

答 540°

多角形を, 1つの頂点からひいた対角線で区切ってできる三角形の数は, 下の表の通りです。

多　角　形	四角形	五角形	六角形	七角形
辺　の　数	4	5	6	7
三角形の数	2	3	4	5

確認テスト

答え➡別冊7ページ

時間 **30**分　合格点 **70**点

得点 ／**100**

① 〔四角形の角〕
青色の部分の角の大きさを求めましょう。　　　　　　　　　　　　　[各10点…合計30点]

(1)

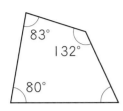

(2)

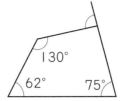

(3)

平行四辺形

② 〔多角形の角の和〕
多角形の角の大きさの和について，下の問いに答えましょう。　　　　　　[合計30点]

(1) 多角形の角の大きさの和を表にまとめましょう。　　　　　　　　　　　　　（各4点）

多角形	三角形	四角形	五角形	六角形	七角形	八角形	
角の和	180°						

(2) 十角形の角の大きさの和を求めます。□にあてはまる数を書きましょう。　　（10点）

$$180° × □$$

③ 〔平行四辺形と角〕
右の図の平行四辺形 ABCD で，辺 CD，CE の長さは同じで，あ，いの角の大きさは同じです。
うの角の大きさは何度ですか。　　　　　[20点]

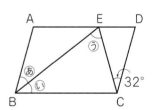

④ 〔五角形の角〕
正五角形は，5 つの辺の長さがすべて等しく，5 つの角の大きさもすべて等しい図形です。　　[各10点…合計20点]

(1) 正五角形の 1 つの角の大きさは何度ですか。

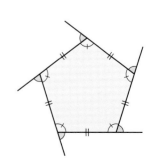

(2) 正五角形の外側の 5 つの角の大きさの和を求めましょう。

1 次の三角形の中で，合同な三角形の組をすべて答えましょう。　［全問正解で40点］

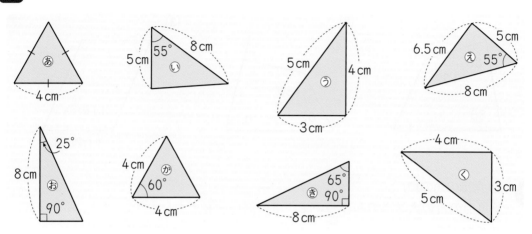

2 三角形は
　⑦３つの辺の長さ　　　　　⑦１つの辺とその両はしの角
　⑦２辺とそのはさむ角
が決まるとただ１つに決まります。

　右の図形について，三角形 BCE と合同な三角形を答えましょう。また，それが決まった条件を上の⑦〜⑦から選びましょう。ただし，四角形 ABCD と四角形 ECFG はともに正方形で，頂点 E は正方形 ABCD の辺 DC 上にある点とします。　［各15点…合計30点］

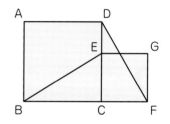

3 正方形 ABCD の辺 AB と辺 BC 上に，AE＝FC となるように点 E と点 F をとります。このとき，次の問いに答えましょう。　［各15点…合計30点］

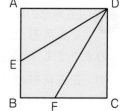

(1) 三角形 ADE と合同な三角形を見つけ，頂点の対応する順に答えましょう。

(2) 角 FDC の大きさが31°のとき，角 EDF の角度を答えましょう。

チャレンジテスト②

時間**30**分　合格点**60**点　得点／100

1 次のあ，◯の角度を求めましょう。　　　　　　　　　［各15点…合計30点］

(1)

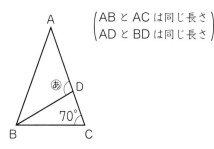

（AB と AC は同じ長さ
　AD と BD は同じ長さ）

(2)

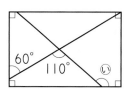

2 右の図の三角形 ABC は，角 C の大きさが 90°の直角三角形です。この三角形を C を中心にして矢印の方向に 25°回転させると，あの角度は何度になるでしょう。　　　　　　　　　　　　　　　　　　　　［15点］

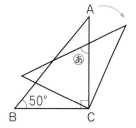

3 右の図のように，正方形 ABCD と正三角形 DCE があります。あの角の大きさを求めましょう。［15点］

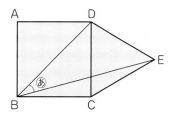

4 右の図は，辺 AB，AC の長さが等しい二等辺三角形 ABC を DE を折り目として折ったところ，A が BC 上の点 F に重なったことを示しています。あの角の大きさを求めましょう。　　　　　　　［20点］

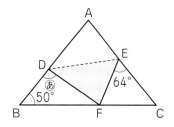

5 右の図の直線①と直線②は平行です。あ，◯の角の大きさを求めましょう。　　　　　　　［各10点…合計20点］

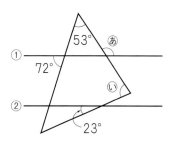

チャレンジテスト③

1 下の図は，それぞれ正方形と長方形の紙を折ったものです。あ，いの角の大きさを求めましょう。　　　　　　　　　　　　　　　　　[各15点…合計30点]

(1)

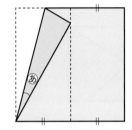

(2)

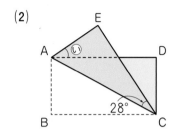

2 右の図で，四角形 ABCD は長方形で，三角形 CDE は二等辺三角形です。このとき，角あと角いの大きさを求めましょう。　　　　　[各10点…合計20点]

3 右の図で，DA と DB の長さが等しく，AB と ED が平行であるとき，角あと角いの大きさを求めましょう。　　　　　　　　　　　　　　[各10点…合計20点]

4 右の図のような長方形と直角三角形があります。三角形 ABC が二等辺三角形のとき，角あは何度ですか。　[15点]

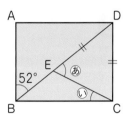

5 右の図の角 A と角 C と角 F と角 H の和は何度ですか。　　　　　　　　　　　　　　[15点]

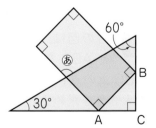

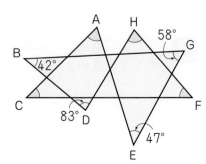

4 偶数と奇数・倍数と約数

☆ 倍 数

▶ 倍　数…たとえば，3 を整数倍してできる数を **3 の倍数**という。

▶ 公倍数…たとえば，3 の倍数と 2 の倍数に共通な数 6，12，18，…を **3 と 2 の公倍数**という。

▶ 最小公倍数…公倍数の中でいちばん小さいもの。3 と 2 の最小公倍数は 6 である。

例 3 と 2，それぞれの倍数と公倍数

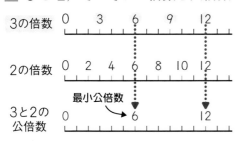

☆ 約 数

▶ 約　数…たとえば，8 は 1，2，4，8 のどれでもわりきれる。この 1，2，4，8 を **8 の約数**という。

▶ 公約数…たとえば，8 の約数と 12 の約数に共通な約数 1，2，4 を **8 と 12 の公約数**という。

▶ 最大公約数…公約数の中でいちばん大きいもの。たとえば，8 と 12 の最大公約数は 4 である。

例 8 と 12，それぞれの約数と公約数

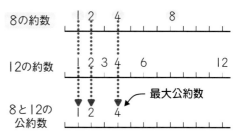

☆ 偶数・奇数と素数

▶ 偶　数…2 でわりきれる整数。0，2，4，6，…など。0 は偶数にふくめる。

▶ 奇　数…2 でわると 1 あまる整数。1，3，5，7，…など

▶ 素　数…1 とその数自身しか約数をもたない数。2，3，5，7，…など。1 は素数ではない。

1 倍数とその使い方

問題 1 倍数と公倍数

A駅から東町行きのバスは4分おきに，西町行きのバス
は6分おきに発車します。午前9時に東町行きのバスと
西町行きのバスが同時に発車しました。

(1) 午前9時のバスの発車後，午前10時までに，東町
行きと西町行きのバスは，合計何本出発するでしょう。

(2) 午前9時の発車後，初めて同時に出発するのはいつ
でしょう。

コーチ

●ある整数を整数倍し
てできる数を，もとの
整数の倍数という。

●倍数を考えるとき，
0の倍数や0倍は考
えない。

●いくつかの整数の共
通な倍数を公倍数とい
う。

●公倍数の中でいちば
ん小さいものを最小公
倍数という。

考え方

4の倍数と6の倍数を考えます。

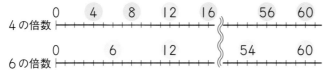

(1) 東町行きは午前9時4分，8分，12分，…，56分，10時
の15本，西町行きは午前9時6分，12分，18分，…，54分，
10時の10本だから 15+10=25 　**答 25本**

(2) 4と6の最小公倍数は12ですから，午前9時より12分後に，
同時に出発します。 　**答 午前9時12分**

公倍数を求めてか
ら最小公倍数を求
めるとか，はん囲
の中に公倍数がい
くつあるとか，よ
く考えましょう。

問題 2 倍数の利用

たて3cm，横4cmの長方形のタ
イルをすき間なくならべて正方形
の形をしたかべかけを作ります。
いちばん小さいかべかけを作るの
にタイルは何まい使いますか。

コーチ

●2つ以上の事がらが
それぞれについて倍数
の関係になっている問
題では，公倍数を利用
して考えるとよい。

考え方

正方形のたての長さと横の長さは等しいので，3と4
の最小公倍数を求めます。

3と4の最小公倍数は12です。1辺が12cmのとき，最も小さい
かべかけが作れます。12÷3=4で，たてに4まい，12÷4=3
で，横に3まいのタイルを使います。 4×3=12 **答 12まい**

得点 ／100

1 〔ある数にいちばん近い公倍数〕

18と12の公倍数の中で，200にいちばん近い数を求めましょう。　　　[20点]

2 〔池のまわりを速さのちがう2人がまわる〕

池のまわりを1周するのに，Aさんは12分，Bさんは15分かかります。いま，木のところを2人が同時にスタートしました。

今度2人が木のところで出会うのは，AさんとBさんがそれぞれ何周したときでしょう。　　　[各10点…合計20点]

3 〔4でも6でもわりきれる数〕

1から100までの整数の中で4でも6でもわりきれる数について答えましょう。

[各10点…合計20点]

(1) 全部でいくつありますか。

(2) あてはまる数を全部たすと，いくつになりますか。

4 〔長方形をならべて正方形を作る〕

たて9cm，横15cmの長方形のカードをすき間なくならべて，正方形を作ります。

[各10点…合計20点]

(1) いちばん小さな正方形の1辺の長さは何cmですか。

(2) いちばん小さな正方形を作るとき，カードを何まい使いますか。

5 〔3日ごとと4日ごと〕

はるかさんは，3日ごとに漢字の小テストをし，4日ごとにわり算の小テストをしています。

5月1日に両方の小テストをしました。5月中に両方する日は，合計何日になるでしょう。　　　[20点]

2 約数とその使い方

問題 1　公約数と最大公約数

たて 28cm，横 42cm の方眼紙があります。この方眼紙から 1 辺の長さが整数である同じ大きさの正方形を，むだのないよう作ります。

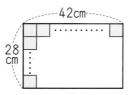

(1)　1 辺の長さがどんな正方形ができるか，すべて答えましょう。

(2)　いちばん大きい正方形の 1 辺の長さは何 cm ですか。

●ある整数をわりきることのできる整数を，もとの整数の約数という。

●約数を考えるとき，1 ともとの整数も約数に入れる。

●いくつかの整数の共通な約数を，それらの整数の公約数という。

●公約数の中でいちばん大きいものを最大公約数という。

考え方

(1)　28 と 42 の公約数を考えます。
28 の約数…{ 1, 2, 4, 7, 14, 28 }
42 の約数…{ 1, 2, 3, 6, 7, 14, 21, 42 }
答　1cm，2cm，7cm，14cm の正方形

(2)　28 と 42 の最大公約数は 14 です。いちばん大きい正方形の 1 辺の長さは 14cm になります。　　　　答　14cm

問題 2　公約数を使った問題

40 個のキャンディと 60 個のチョコレートを何人かの子どもにそれぞれ同じ数ずつ分けると，1 人分のキャンディとチョコレートの個数の差が 4 個になりました。何人の子どもに分けたのでしょう。

●2 つ以上の事がらでそれぞれについて約数の関係になっている問題では，公約数を利用して考えるとよい。

考え方

40 と 60 の公約数を考えます。
40 の約数…{ 1, 2, 4, 5, 8, 10, 20, 40 }
60 の約数…{ 1, 2, 3, 4, 5, 6, 10, 12, 15, 20, 30, 60 }

分ける子どもの数は 40 と 60 の公約数です。1 人分のキャンディとチョコレートの個数は下の通り。表から，5 人です。

分ける子どもの数	1	2	4	5	10	20
1 人分のキャンディの数	40	20	10	8	4	2
1 人分のチョコレートの数	60	30	15	12	6	3
個数の差	20	10	5	4	2	1

答　5 人

1 〔150 の約数〕
150 の約数について，次の問いに答えましょう。　［各10点…合計20点］

(1) 150 の約数をすべて書きましょう。

(2) 150 の約数のうちから 4 個を選んでその和を計算したところ，80 になりました。その 4 個の数を小さい方から順に書きましょう。

2 〔公約数を使った問題〕
3 つの整数 A, B, C があります。A×B＝75，A×C＝250 となる A をすべて答えましょう。　［10点］

3 〔式の答えが整数になる数〕
(式) □＋39÷□ の □ の中に同じ整数を入れて，式の答えが整数になるようにします。式の答えで，考えられるものをすべて答えましょう。
［全問正解で20点］

4 〔最大公約数を使った文章題〕
中級者用マラソンコース 20km と，上級者用マラソンコース 36km があります。等間かくに休けい用のテントを設置することになりました。テントとテントの間の道のりはどちらのコースも同じです。　［各10点…合計20点］

(1) テントの数をもっとも少なくするには，何 km ごとにテントを設置すればよいですか。

(2) (1)のとき，テントは，中級者用コース，上級者用コース，それぞれいくつ必要ですか。

5 〔48 または 72 をわりきることができる整数〕
48 または 72 をわりきることができる整数は，全部で何個ありますか。　［15点］

6 〔ノートとえん筆を分ける問題〕
64 さつのノートと 80 本のえん筆をそれぞれ同じ数ずつ，何人かの子どもに分けようと思います。できるだけたくさんの子どもに分けるとき，子どもの数は何人ですか。また，そのとき，ノートとえん筆はそれぞれ何さつずつと何本ずつ分けられますか。　［各 5 点…合計15点］

3 倍数・約数を使って

問題1 ○÷△＝□あまり▽の問題

次の問いに答えましょう。

(1) 6でわっても，9でわっても4あまる整数で，いちばん小さい数を求めましょう。

(2) ある整数で26をわっても，32をわっても2あまりました。この整数のうちで，いちばん大きい数を求めましょう。

(3) 7でわったら5あまり，12でわったら10あまる整数で，いちばん小さい数を求めましょう。

考え方

(1) ●÷6＝■あまり4，●÷9＝▲あまり4なので，●から4ひいた数は6でも9でもわりきれる数，すなわち，6と9の公倍数です。求める答えは，6と9の最小公倍数18に4をたしたものです。　　**答** 22

(2) 26÷●＝■あまり2，32÷●＝▲あまり2ですから，26から2ひいた数，32から2ひいた数はともに●でわりきれます。答えは24と30の最大公約数です。　　**答** 6

(3) ●÷7＝▲あまり5，●÷12＝■あまり10と，あまりがちがうので，(1)のようには解けません。しかし，あまりは，ともにわる数より2小さい数なので，●は7や12の倍数より2小さい数です。したがって，7と12の最小公倍数84より2小さい数だから，82が答えです。　　**答** 82

問題2 最大公約数・最小公倍数 〔発展〕

最大公約数が6，最小公倍数が90である2数があります。この2数をすべて答えましょう。

考え方

最大公約数と最小公倍数には次の関係があります。

A＝ 最大公約数 ×a，B＝ 最大公約数 ×bとすると，
最小公倍数 ＝ 最大公約数 ×a×b (a, bの公約数は1だけ)

最小公倍数の90は，90＝6×15なので，a×b＝15となる2
　　　　　　　　　└ 最大公約数
数a，bは，a＝1，b＝15のときと，a＝3，b＝5のときが考えられるから，答えは，6×1＝6と6×15＝90，または，
6×3＝18と6×5＝30　　　　**答** 6と90，18と30

コーチ

●あまりが同じである場合は，わられる数からあまりの分をひくとよい。

●(3)のように，あまりはちがっても，2数の公倍数より小さい分が同じであることがある。

●この発展として，あまりもちがう，公倍数より小さい分もちがうという場合もある。このときは2数に何か同じ数をたして，2数が公倍数をもつようにする。(P.43：❹(2))

●が，あと2大きければ，7や12でわりきれます。

コーチ

●2数 A，B について，
　A＝最大公約数×a
　B＝最大公約数×b
であるなら，
　　最小公倍数
　　＝最大公約数
　　　　×a×b
の関係があり，aとbは，1以外に公約数はもたない。

確認テスト

1 〔○でわっても，△でわっても□あまる〕
12 でわっても，15 でわっても，5 あまる整数で，400 にいちばん近い数を求めましょう。 [10点]

2 〔○をわっても，△をわっても□あまる〕
ある整数で 39 をわっても，51 をわっても 3 あまりました。考えられる数をすべて答えましょう。 [15点]

3 〔○でわったら△あまり，□でわったら▽あまる〕
15 でわったら 14 あまり，18 でわったら 17 あまる数で，いちばん小さい 3 けたの数を求めましょう。 [10点]

4 〔○でわったら△あまり，□でわったら▽あまる〕
次の問いに答えましょう。 [各15点…合計30点]

(1) 4 でわったら 1 あまり，5 でわったら 2 あまり，6 でわったら 3 あまる数で，200 にいちばん近い数を求めましょう。

(2) 5 でわったら 2 あまり，8 でわったら 3 あまる数で，いちばん小さい数を求めましょう。

5 〔最大公約数・最小公倍数〕
2 つの整数 36 と A があります。この 2 つの整数の最小公倍数が 252，最大公約数が 12 であるとき，整数 A はいくらでしょう。 [15点]

6 〔○でわると△あまる〕
えん筆 72 本，消しゴム 28 個，ノート 38 さつを何人かの子どもにそれぞれ同じ数ずつに分けようとしたら，えん筆はちょうどに分けられましたが，消しゴムは 4 個あまり，ノートは 2 さつたりませんでした。何人の子どもに分けたのでしょう。 [20点]

4 整数の仲間分け

問題 1 倍数の見つけ方

1, 2, 3, 4, 5の数字が書かれたカードが1まいずつあります。その中から4まい選んでならべ，4けたの数をつくります。

(1) 3の倍数になる，最大の数と最小の数を求めましょう。

(2) 4の倍数になる，最大の数と最小の数を求めましょう。

コーチ

●2の倍数…一の位が，0, 2, 4, 6, 8

●3の倍数…各位の数をたした数が3の倍数

●4の倍数…十の位と一の位でできた数が4の倍数，または00

●5の倍数…一の位が，0, 5

●9の倍数…各位の数をたした数が9の倍数

考え方

(1) 3の倍数になる数は，各位の数をたした数が3の倍数になるので，たすと3の倍数になる4つの数を見つけます。1, 2, 4, 5で4けたの数をつくります。

答 最大の数…5421　最小の数…1245

(2) 4の倍数になる数は，十の位と一の位でできた数が4の倍数になるので，○△12，○△24，○△32，○△52となる数です。
最大の数は，千の位が最大で，百の位が次に大きい数です。
最小の数は，千の位が最小で，百の位が次に小さい数です。
ただし，2は十の位か一の位で使われているので，2以外の数で考えます。　　　答 最大の数…5432　最小の数…1324

問題 2 整数の仲間分け

(1) 右のカレンダーで月曜の日づけ2, 9, 16, …は，ある数でわるとあまりが等しくなります。ある数とあまりを求めましょう。

日	月	火	水	木	金	土
1	2	3	4	5	6	7
8	9	10	11	12	13	14
15	16	17	18	19	20	21

(2) 140と121と178は1以外のある数でわるとあまりが等しくなります。ある数は何ですか。

コーチ

●● = ● × ● + ▲，
■ = ● × ■ + ▲で表せるとき，
●ー■ = ● × ●
　　　　ー ● × ■
= ● × (● ー ■)
だから，●の倍数である。

(2)は少しむずかしいかな？　あまりが同じだから，2数の差はあまりを消し合ってある数の倍数になるよ。

考え方

(1) カレンダーなので，7ごとにあまりの等しいグループになると見当はつきます。
2÷7＝0あまり2，9÷7＝1あまり2，
16÷7＝2あまり2となるので，7でわると2あまる数です。

答 ある数7　あまり2

(2) (1)のようにわる数の見当をつけられないときは，次のように考えます。ある数を●，あまりを▲とすると，140＝●×●＋▲，121＝●×■＋▲，178＝●×▼＋▲　と表せるので，140から121をひいた差，178から121をひいた差はともに●の倍数です。140－121＝19，178－121＝57で，1でない19と57の公約数は19だけだから，ある数は　19　答 19

① 〔倍数の見つけ方〕
　1，2，3，6の数字が書かれたカードが1まいずつあります。その中から3まい選んでならべ，3けたの数をつくります。　　　　　　　　　　　[各10点…合計20点]

(1)　3の倍数を求めましょう。

(2)　6の倍数を求めましょう。

② 〔奇数の和〕
　3つの連続した奇数の和が225でした。このとき，3つの数を求めましょう。
　　　　　　　　　　　　　　　　　　　　　　　　　　　　　　　　　　　[20点]

③ 〔整数の仲間分け〕
　155÷111を計算すると，1.396396396396…と小数点以下は396が何度もつづきます。
　このとき，小数第100位までに3は何回出てくるでしょうか。どんなきまりで3が現れるかに着目して考えましょう。　　　　　　　　　　　　　　　　　[20点]

④ 〔あまりによる数の分類〕
　下の表は，整数を順にどこまでもならべたものです。　　　　　　[合計40点]

A	B	C	D	E	F	G
1	2	3	4	5	6	7
8	9	10	11	12	13	14
⋮	⋮	⋮	⋮	⋮	⋮	⋮

A	B	C	D	E	F	G	H
1	2	3	4	5	6	7	8
9	10	11	12	13	14	15	16
⋮	⋮	⋮	⋮	⋮	⋮	⋮	⋮

(1)　左の表のCの列は（　⑦　）でわると（　⑦　）あまる数で，右の表のCの列は（　⑦　）でわると（　⑦　）あまる数です。（　）にあてはまる数を入れましょう。
　　　　　　　　　　　　　　　　　　　　　　　　　　　　　　　　　（各5点）

(2)　これらの表で，3はどちらの表でもCの列にあります。次の数のうち，どちらの表でもCの列にあるものを，すべて選びましょう。　　　　　　　（20点）
　　49，59，88，108，115

5 偶数と奇数，素数

 コーチ

問題1 偶数と奇数

次の数を，偶数と奇数に分けましょう。

㋐2　　　㋑3　　　㋒0　　　㋓1001

㋔偶数＋奇数　㋕偶数＋偶数　㋖奇数－奇数

㋗奇数－偶数　㋘偶数×偶数　㋙偶数×奇数

 考え方 　2でわったとき，わりきれる整数を偶数，あまりが1になる整数を奇数といいます。どんな整数も偶数か奇数に分けられます。0は偶数にふくめます。偶数は一の位の数が0，2，4，6，8のいずれかで，奇数は一の位の数が1，3，5，7，9のいずれかになります。

㋔：偶数＋奇数　右の図のように考えると，偶数は2列にならべるとあまりの出ない数，奇数は1あまりが出る数なので偶数と奇数をたすと，あまりの1が出ます。ですから奇数です。

㋘：偶数は2でわりきれる数なので，2の倍数です。したがって，2×A（Aは整数）で表せる数です。A，Bは整数として，計算のきまりを使うと

(2×A)×(2×B)＝2×A×2×B＝2×(A×2×B) となり，偶数になります。　┗ かけ算だけの式はどこから計算してもよい。

㋙：奇数は2の倍数に1加えたものなので，2×B＋1となります。
(2×A)×(2×B＋1)＝2×A×(2×B＋1) となり，偶数になります。　┗ 整数

答 偶数：㋐，㋒，㋕，㋖，㋘，㋙　　奇数：㋑，㋓，㋔，㋗

コーチ欄

●偶数か奇数かを見分けるには，一の位の数に着目すればよい。

●文字を使った考え方が難しければ，実際に数をあてはめて考えてもよい。

例 ㋔：偶数＋奇数
2＋3＝5…奇数
㋕：偶数＋偶数
4＋6＝10…偶数
㋙：偶数×奇数
2×3＝6…偶数

●計算のきまり
(■×●)×▲
＝■×(●×▲)
(結合法則という)

●奇数×奇数は奇数になることも確かめておこう。
例 3×1＝3…奇数

問題2 素数

 コーチ

次の数の中で，素数をすべて選びましょう。
2，6，7，13，21，28，31

 考え方 　0より大きい整数の中で，1とその数自身しか約数をもたない数を素数といいます。約数を求めて考えます。

2…1，2　6…1，2，3，6　7…1，7　13…1，13
21…1，3，7，21　28…1，2，4，7，14，28　31…1，31

答 2，7，13，31

コーチ欄

●素数は1とその数自身しか約数をもたない数なので，0や1は素数ではないことに注意しよう。

●素数を見つける方法については，エラトステネスのふるいという方法がある。くわしくは45ページで学習する。

確認テスト

①〔偶数と奇数〕
次の整数のうち，奇数になるものをすべて選びましょう。　　　　[全問正解で15点]

㋐　3＋31　　　　㋑　4＋1　　　　㋒　56－29　　　　㋓　4＋6＋8＋10

㋔　3×19×63　　　㋕　2×2×1024　　　㋖　2×3×49

㋗　107×1190＋6　　　　　　㋘　33×10005＋1

②〔偶数と奇数〕
次の①から⑥について正しいものをすべて選びましょう。　　　　[15点]

①　偶数×偶数＝偶数　　　　　②　奇数×奇数＝偶数

③　奇数＋奇数＝偶数　　　　　④　奇数×偶数＝偶数

⑤　偶数＋奇数＝偶数　　　　　⑥　奇数－奇数＝奇数

③〔偶数と奇数〕
ア，イ，ウ，エの4つの整数があります。ア，イ，ウの和は偶数，ア，イ，エの和は奇数，ア，ウ，エの和は偶数，イ，ウ，エの和は偶数です。このとき，ア，イ，ウ，エのうち奇数をすべて選びましょう。　　　　[30点]

④〔エラトステネスのふるい〕
次の方法（エラトステネスのふるいといいます）を行うと，素数を見つけることができます。次の手順にしたがって，1以上100以下の素数をすべて求めましょう。

[各20点…合計40点]

(1) 表の中の次の数にすべて○
をつけましょう。
　1
　2以外の2の倍数
　3以外の3の倍数
　5以外の5の倍数
　7以外の7の倍数

1	2	3	4	5	6	7	8	9	10
11	12	13	14	15	16	17	18	19	20
21	22	23	24	25	26	27	28	29	30
31	32	33	34	35	36	37	38	39	40
41	42	43	44	45	46	47	48	49	50
51	52	53	54	55	56	57	58	59	60
61	62	63	64	65	66	67	68	69	70
71	72	73	74	75	76	77	78	79	80
81	82	83	84	85	86	87	88	89	90
91	92	93	94	95	96	97	98	99	100

(2) ○のついていない数が1以上100以下の素数です。素数をすべて答えましょう。

1 次の問いに答えましょう。　[各10点…合計40点]

(1) 100から200までの整数の中には，6でわると5あまる数が全部で何個ありますか。

(2) けんたさんのクラスでは，4人のはんを作っても6人のはんを作っても，ちょうど同じ人数ずつ分かれることができます。クラスの人数を求めましょう。ただし，クラスの人数は30人以上，40人以下とします。

(3) 101から300までの整数で，12でも16でもわりきれない数は全部で何個ありますか。

(4) 11でわると7あまり，7でわると3あまり，5でわると1あまる整数の中で，いちばん小さい数を求めましょう。

2 たて90cm，横108cm，高さ153cmの直方体の形をした発ぽうスチロールがあります。これをできるだけ大きな立方体に分けたいと思います。むだなく立方体をとるとき，1辺が何cmになりますか。　[20点]

3 赤色の電球と青色の電球と黄色の電球と緑色の電球をウィンドーにかざることにしました。赤色は3秒に1回，青色は4秒に1回，黄色は5秒に1回，緑色は6秒に1回，点灯します。

[各10点…合計40点]

(1) 4つが同時に点灯してから，いちばんよく同時に点灯する2つの電球は何色と何色ですか。

(2) 4つが同時に点灯してから，赤色と青色と黄色が同時に点灯するのは何秒後ですか。

(3) 4つが同時に点灯してから(2)になるまで，青色は何回点灯しますか。

(4) 4つが同時に点灯してから，次に4つ同時に点灯するのは，何秒後ですか。

チャレンジテスト②

1 ある整数で123をわると3あまり，また，その整数で380をわるとわりきれます。このような整数は，全部で何個ありますか。　　　[20点]

2 たてが24m，横が36mの長方形の形をした花だんがあります。この花だんのまわりに等しい間かくで旗を立てていきます。4すみに必ず旗を立てるとすると，何通りの立て方がありますか。ただし，間かくは整数(m)とします。　　　[20点]

3 16個の花が円形にならんでいて，花には1から16まで時計回りに番号がつけられています。いま，ハチが1番の花からはじまり，6つおき(1→8→15→…)に時計回りに何回も回るとき，ふたたび1番の花にもどるまでにハチは何周しますか。　　　[20点]

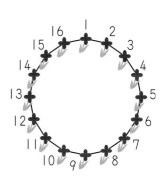

4 200だんの同じ石だんを，A君は2だんずつ，B君は3だんずつ登ります。ただし，最後の200だん目だけは，自分の決めただん数にたりていなくても，ふむものとします。次の問いに答えましょう。　　　[各10点…合計20点]

(1) 200だんの石だんのうち，A君とB君のふんだ石だんは，全部で何だんありますか。

(2) 200だんの石だんのうち，A君もB君も2人ともふまなかった石だんは，全部で何だんありますか。

5 次の問いに答えましょう。　　　[各10点…合計20点]

(1) 30から50までの整数について，18との最大公約数をそれぞれ調べます。18との最大公約数が9であるような整数を答えましょう。

(2) 30から50までの整数について，18との最小公倍数がその整数の3倍になるような整数をすべて答えましょう。

1 1から100までの数を1つずつ書いたカードが全部で100まいあります。はじめにAさんは3の倍数が書かれたカードをすべて取り出しました。その後Bさんは7の倍数が書かれたカードをすべて取り出しました。ただし，Aさんの取り出したカードはもとにもどしません。

[各10点…合計20点]

⑴　Aさんは何まいのカードを取り出しましたか。

⑵　Bさんは何まいのカードを取り出しましたか。

2 次の問いに答えましょう。

[合計40点]

⑴　2や5のように1とその数自身しか約数をもたない整数を素数といいます。いま，ことなる3つの素数A，B，Cがあります。ただし，CはBより大きく，BはAより大きいとします。A＋B＋C＝37となる素数(A，B，C)の組み合わせを，3組求めましょう。

(20点)

⑵　ことなる3つの整数D，E，Fがあります。ただし，FはEより大きく，EはDより大きいとします。D×E×F＝60のとき，次の□にあてはまる数を求めましょう。

60を素数の積で表すと，60＝□×□×□×□

(10点)

だから，整数(D，E，F)の組み合わせは□組あります。

(10点)

3 次の問いに答えましょう。

[各20点…合計40点]

⑴　4でわると2あまり，5でわると3あまる2けたの整数のうち，いちばん大きい数を求めましょう。

⑵　4でわると1あまり，5でわると2あまり，7でわると2あまる整数のうち，500にいちばん近い数を求めましょう。

5 単位量あたりの大きさ

★ 平均（へいきん）

▶ 平　均…いろいろな大きさの数量（すうりょう）をみんな同じ大きさになるようにならしたもの。

　　平均＝合計÷個数（こすう）

　　合計＝平均×個数

　　個数＝合計÷平均

★ 単位量（たんいりょう）あたりの大きさ

▶ $1m^2$ あたりのとれ高，1 人あたりの広さ，$1cm^3$ あたりの重（おも）さなどを単位量あたりの大きさという。

▶ こみぐあいは，$1m^2$ あたりの人数や，1 人あたりの広さで比（くら）べる。

▶ 人口密度（みつど）…国や県（けん）の人のこみぐあいのこと。$1km^2$ あたりの人口で表（あらわ）す。

1 平均

問題 1 平均

右の表は，りほさんのはんの人の体重測定の結果です。

りほ	たくみ	ひろや	るな
37.5	41.0	38.2	32.9
			(kg)

(1) このはんの人の体重の平均は何 kg ですか。

(2) この 4 人に先生も入れ，5 人の体重の平均を求めると，40.4kg になりました。先生の体重は何 kg ですか。

考え方 いくつかの数量をならしたものを平均といいます。

(1) 平均を求めるには，まず，すべての数量をたして合計を出します。

$$37.5 + 41.0 + 38.2 + 32.9 = 149.6 \text{(kg)}$$

はんの人は 4 人なので $149.6 \div 4 = 37.4 \text{(kg)}$　**答** 37.4kg

(2) 5 人の体重の合計は $40.4 \times 5 = 202 \text{(kg)}$

子ども 4 人の体重の合計が 149.6kg なので，先生の体重は

$$202 - 149.6 = 52.4 \text{(kg)}$$　**答** 52.4kg

問題 2 平均を使って

右の表はさやかさんのクラスの男女別の平均点をまとめたものです。クラス全体の平均点は約何点でしょう。四捨五入して小数第一位まで求めましょう。

テストの平均点

	人数(人)	平均点(点)
男子	18	68
女子	17	72

考え方 クラス全体の点数の平均は，**クラス全員の点数の合計÷クラスの人数**で求められます。

男子の平均点＝男子の点数の合計÷男子の人数ですから　**男子の点数の合計＝男子の平均点×男子の人数**

同様に，**女子の点数の合計＝女子の平均点×女子の人数**ですから

クラス全体の点数の合計は　$68 \times 18 + 72 \times 17 = 2448 \text{(点)}$

クラスの人数は $18 + 17 = 35 \text{(人)}$ より，クラス全体の平均点は

$2448 \div 35 = 69.94\cdots$ より，69.9 点となります。**答** 約69.9 点

コーチ

●いくつかの数量を，同じ大きさになるようにならしたものが平均である。

●平均＝合計÷個数

●平均では，日数や人数などが小数になることがある。

例 あるクラスの忘れ物の数

月	火	水	木	金
3	5	7	2	4

平均

$$(3 + 5 + 7 + 2 + 4) \div 5 = 4.2 \text{(個)}$$

コーチ

●平均がわかっているとき，合計や個数は

平均＝合計÷個数
↓
合計＝平均×個数
個数＝合計÷平均
で求められる。

●男女別の人数と平均から，全体の平均を求めるには，全体の合計を全体の人数でわるとよい。

確認テスト

1 〔平均の使い方〕
　学級で立ちはばとびの測定をしました。男子20人の平均は162cm，女子16人の平均は153cmだったそうです。男女合わせた学級全体の平均は何cmだったでしょう。　　　　　　　　　　　　　　　　　　　　　　　　　　　　　　　　[20点]

2 〔平均と合計〕
　ひろきさんの家では，1か月平均23kgの米を食べるそうです。ひろきさんの家では，1年間に約何kgの米を食べることになるでしょう。　　　　　　　　　[20点]

3 〔一部の平均〕
　次の問いに答えましょう。　　　　　　　　　　　　　　　　[各20点…合計40点]

(1)　Aさんの国語・算数・理科のテストの平均点が72点だったそうです。社会もふくめた4教科の平均点が75点ちょうどになるためには，社会のテストは何点とれればよいでしょう。

(2)　Aさん，Bさん，Cさんの身長の平均は148.2cm，Cさん，Dさん，Eさんの身長の平均は152.3cmだそうです。Aさん，Bさん，Cさん，Dさん，Eさん5人の平均が149.4cmであるとき，Cさんの身長は何cmでしょうか。

4 〔仮の平均〕
　Aさん，Bさん，Cさんの3人の漢字テストの合計点は211点でした。Aさんの点数はCさんより7点低く，BさんとCさんの平均点はAさんより11点高いそうです。Cさんの点数は何点ですか。　　　　　　　　　　　　　　[20点]

2 単位量あたりの大きさ

問題 1 人口密度

ある年の滋賀県と長崎県の人口
と面積は右の表の通りです。
どちらの県の方がこみ合ってい
るといえるでしょう。

	人口 (万人)	面積 (km²)
滋賀県	140	4017
長崎県	142	4104

コーチ

●人のこみぐあいを調
べるときは，1km² あ
たりの人数，1人あた
りの面積の2つ方法
がある。どちらの方法
で調べても，結果は同
じである。

●1km² あたりの人数
が多いほどこみ合って
いる。

●1人あたりの面積が
せまいほどこみ合って
いる。

●人口密度
　＝人口÷面積（km²）

考え方 2県のこみぐあいを調べるとき，1km² あたりの人口
（人口密度）を考える場合と，1人あたりの面積を考え
る場合があります。

① 1km² あたりの人数
　滋賀県　　1400000÷4017＝348.5…
　　　　　　　　　　　　　　　　　9
　長崎県　　1420000÷4104＝346.0…

人口密度は，滋賀県が約 349 人，長崎県が約 346 人です。
単位面積あたりの人数が多いほどこみ合いますから，**滋賀県の方
がこみ合っている**といえます。　…**答**

② 1人あたりの面積
　滋賀県　　4017÷1400000＝0.00286…
　長崎県　　4104÷1420000＝0.00289…

1人あたりの面積がせまいほどこみ合いますから，**滋賀県の方が
こみ合っている**といえます。…**答**

問題 2 燃　費

260km 走るのに 20L のガソリンを
使用する自動車があります。

(1) この自動車は 1L あたり何 km 走
　るでしょう。

(2) この自動車で 300km 走るには何 L のガソリンがい
　りますか。四捨五入して小数第一位まで求めましょう。

コーチ

●乗り物などで，単位
量あたりの燃料でどれ
だけ走れるかを示すの
が燃費である。少ない
燃量でたくさんのきょ
りを走れる方が燃費が
いいという。

考え方 乗り物などで**単位量あたりの燃料でどれだけのきょり
を走れるか**を示すものが燃費です。ふつう，1L あたり
で走れるきょりで考えます。

(1) 260km を走るのに，20L のガソリンを使うので 1L あたりで
　走れるきょりは　260÷20＝13(km)　　　　　**答** 13km

(2) 1L で 13km 走れるので，300km では
　　　　　　　　　　　1
　300÷13＝23.07…　　　　　　　　　　　**答** 約 23.1L

確認テスト

1 〔1cm³ あたりの重さ〕

なまり 82cm³ を用いて置き物を作ったところ，重さは 930g でした。銅 68cm³ を用いて同じように置き物を作ったところ，610g でした。1cm³ あたりでは，どちらの材料の方が重いでしょう。　　　　　　　　　　[10点]

2 〔人口密度〕

右の表は，ある年の千葉県と大阪府の面積と人口に関する資料です。　　[各15点…合計30点]

	千葉県	大阪府
人口(人)	6198000	
面積(km²)	5156	1897

(1) 千葉県の人口密度を求めましょう。
（ただし，答えは小数第一位を四捨五入して答えましょう）

(2) 大阪府の人口密度は，千葉県の人口密度の約 3.9 倍です。
大阪府の人口は約何万何千人でしょう。答えは百の位を四捨五入して求めましょう。ただし，人口密度は(1)で求めた小数第一位を四捨五入した数を使うものとします。

3 〔燃　費〕

ガソリンがなくなるまで1台の車が走りつづけます。この車は 1L あたり 15km 走ることができます。　　　　　　　　　　[各15点…合計30点]

(1) 最初にガソリンが 33L 入っていたとすると，ガソリンがなくなるまでに何 km 走ることができますか。

(2) ガソリンがなくなるまで走りつづけたら，ちょうど 729km 走りました。最初に何 L のガソリンが入っていたでしょうか。割り切れるところまで求めなさい。

4 〔単位量あたりのねだん〕

バラ売りしているくぎがあり，300g 買うと 180 円になるそうです。また，このくぎ 80 本の重さは 120g です。　　　　　　　　　　[各15点…合計30点]

(1) このくぎ 520g のねだんはいくらですか。

(2) あるクラスで 980 本のくぎが必要になりました。このとき，くぎのねだんはいくらになりますか。

チャレンジテスト①

1 次の問いに答えましょう。　　　　　　　　　　　　[各15点…合計45点]

(1) 算数の問題集を 7 日間で仕上げるために，1 日 36 問ずつ解くことにしました。しかし，4 日で 1 日あたり 30 問しか解くことができませんでした。あと 3 日で仕上げるには，1 日平均何問解けばいいでしょう。

(2) A 君，B 君，C 君 3 人がもっているお金を調べると，A 君，B 君の平均は C 君より 300 円多く，A 君は C 君より 250 円多くもっているそうです。B 君のもっているお金が 2000 円だとすると，C 君のもっているお金は何円でしょう。

(3) テストを何回か受けたところ，これまでの平均点は 72.5 点でした。今回のテストで 92 点をとったので，平均点は 74.0 点になりました。全部でテストは何回受けたでしょう。

2 ある月の月曜日から土曜日までの最高気温を調べ，前日よりどのくらい高いか（低いか）を表にしたものです。次の問いに答えましょう。　　[各10点…合計30点]

曜日	月	火	水	木	金	土
気温	4↑	3↓	2↑	2↑	2↓	1↓

(例) 5↑…前日より 5℃高い
　　 5↓…前日より 5℃低い

(1) 土曜日の気温は月曜日の気温よりどれくらい高い（低い）ですか。

(2) 木曜日の気温が 15℃だったそうです。
　①火曜日の気温は何度でしたか。

　②この 6 日間の平均気温を求めましょう。

3 みかんを買うのに，はじめの 20 個は 2400 円かかるそうです。21 個目からは 1 個 110 円で買うことができ，51 個目からは 1 個 90 円で買うことができるそうです。このとき，1 個あたりの平均のねだんを 100 円以下にするには，みかんは何個以上買えばよいですか。　　[25点]

1 雨量を測ろうと，直方体の容器を用意しました。容器の底面の内側は1辺10cmの正方形です。容器に入った雨水の高さが1mmになるように雨水がたまったとき，雨量が1mmであるといいます。次の問いに答えましょう。 [各10点…合計20点]

(1) A町では1日の雨量が480mmで，B町では8時間の雨量が200mmでした。1時間あたりの雨量が多いのはどちらの町でしょう。

(2) ある日の雨量が100mmでした。このとき，たて8m，横25mのプールにふった雨水の体積は何m³か答えましょう。

2 子ども会で秋まつりを計画しました。費用は会場費とおやつ代で，会場費は参加人数に関係なく一定です。1人あたりの費用を計算すると，参加人数が25人のときは346円，参加人数が32人のときは325円となります。1人あたりの費用がちょうど300円となるときの参加人数を求めましょう。 [20点]

3 A市，B市，C町の人口と面積は右の通りです。 [各20点…合計60点]

(1) B市の人口が何人増加すれば，A市の人口密度とB市の人口密度が等しくなりますか。

	人口(人)	面積(km²)
A市	112500	450
B市	72000	300
C町		60

(2) A市からB市に何人引っこせば，A市の人口密度とB市の人口密度が等しくなりますか。

(3) ある年，A市の人口の0.08倍の人がB市に引っこし，その後B市とC町が合ぺいして新B市になったところ，その人口密度は合ぺい前のC町の人口密度と等しくなりました。合ぺい前のC町の人口は何人ですか。

ぎょうざはいかが

答え → **128**ページ

たまきさんのおうちはぎょうざ屋さんです。
このお店ではぎょうざ25個を作るとき，
25個分の材料の重さとねだんは右の表の
ようになるそうです。
次はたまきさんからのちょう戦です。受け
て立ちましょう。

材料	重さ(g)	ねだん(円)
ひき肉	150	300
白菜	150	100
にら	50	140
玉ねぎ	75	30
しょうが	15	20
ほしえび	10	10

ちょう戦1
ぎょうざを40個作るには
ほしえびは何gいると思う？

ちょう戦2
ぎょうざを40個作るには
何円かかると思う？

ちょう戦3
ぎょうざ5個を1人前として
売ったら，この1週間での
売り上げは66000円だったの。
ちなみに1人前の
売り上げ金額は1人前の材料費の
1.25倍よ。この1週間で何人前売
れたと思う？

6 速さ

☆ 速さ・いろいろな速さ

▶ **速さ**
単位時間あたりに進む道のりで考
える。

　時速…1時間あたりに進む道のり

　分速…1分間あたりに進む道のり

　秒速…1秒間あたりに進む道のり

▶ **速さ・道のり・時間の関係**

　速さ＝道のり÷時間

　道のり＝速さ×時間

　時間＝道のり÷速さ

▶ **仕事の速さ**
単位時間あたりにできる仕事の量
で考える。

　仕事の速さ＝仕事の量÷時間

　仕事の量＝仕事の速さ×時間

　時間＝仕事の量÷仕事の速さ

速さ・いろいろな速さ

 **問題1** 速さを比べる

音は1秒間に340mの速さで空気中を伝わります。ジェット機は1時間に1420kmの速さで飛びます。音とジェット機とでは，どちらが速いでしょう。

 考え方 音は秒速340m，ジェット機は時速1420kmです。音は秒速，ジェット機は時速ですから，どちらかにそろえて比べましょう。

1時間＝60分＝60×60(秒)＝3600秒です。

●秒速で比べる場合

　音…秒速340m

　　　　　　　　　　┌─1秒あたりの速さを求める
　ジェット機…1420÷3600＝0.3944…→0.394(km)＝394(m)
　　　　　　　より，秒速394m

●時速で比べる場合

　音…340×3600＝1224000(m)＝1224(km)より，時速1224km
　ジェット機…時速1420km

1秒間，または1時間に進むきょりの長い方が速いということになります。

> 分速にそろえることもできる。1分＝60秒，1時間＝60分を用いて考えればよいですね。

答 ジェット機

 コーチ

●速さは単位時間あたりに進む道のりで表す。

速さ＝道のり÷時間

●時速…1時間あたりに進む道のりで表した速さ

●分速…1分間あたりに進む道のりで表した速さ

●秒速…1秒間あたりに進む道のりで表した速さ

●時速○kmを○km毎時ともいう。

●単位時間を変えることで進む道のりが変わっても，速さは同じである。

問題2 道のりの求め方

東京駅を午前7時に出る新幹線のぞみ号に乗車すると，午前8時42分に名古屋駅に着きます。

のぞみ号の走行速度が時速215kmとすると，東京駅と名古屋駅の間は何kmはなれていますか。

 考え方 時速215kmとは，1時間に215km進む速さです。午前7時から午前8時42分までは1時間42分あります。

1時間42分＝102分だから，102÷60＝1.7(時間) です。

道のり＝速さ×時間で求められるので，東京駅と名古屋駅の間は

　　　215×1.7＝365.5(km)　　**答** 365.5km

 コーチ

●道のりを求める公式
道のり＝速さ×時間

●道のりを求めるとき，時間の単位は，速さが時速のときは時間に，分速のときは分に，秒速のときは秒にそろえる。

たいせつ ポイント	速さ＝道のり÷時間，道のり＝速さ×時間，時間＝道のり÷速さ 仕事の速さ＝仕事の量÷時間…単位時間にする仕事の量

 問題❸ 時間の求め方

分速820mで走る電車が，今，ある駅を出発しました。

4.1kmはなれた次の駅に着くのは何分後ですか。

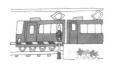

 コーチ

●時間を求める公式

時間＝道のり÷速さ

道のりと速さで使われる単位，速さと求める時間の単位などに注意しましょう。

考え方 道のり＝速さ×時間 をもとに考えると，

時間＝道のり÷速さ となります。

分速は820m，次の駅までの道のりは4.1kmと単位がちがいますからそろえます。

4.1km＝4100m　4100÷820＝5（分）　　**答** 5分後

別の考え方 820m＝0.82kmより，4.1÷0.82＝5（分）

答 5分後

 問題❹ 仕事の速さ

ある食品工場には，4時間で200個のかんづめをつくれる機械と3時間半で140個のびんづめをつくれる機械とがあります。

かんづめづくりの機械とびんづめづくりの機械では，どちらの機械の方が仕事が速いでしょう。

 コーチ

●仕事の速さは，単位時間あたりどれだけの仕事をしたか，で表す。

仕事の速さ
＝仕事の量÷時間

考え方 仕事の速さは，**単位時間あたりどれだけの仕事をしたか**，ということになります。3時間半というのは，3.5時間ですから，1時間あたりの仕事の量を求めます。

かんづめ　200÷4＝50　…1時間あたり50個できる

びんづめ　140÷3.5＝40　…1時間あたり40個できる

1時間あたり，たくさんの製品をつくる方が仕事の速さが速いということになります。　　**答** かんづめづくりの機械

別の考え方 1個あたりにかかる時間で考えてもよいです。

かんづめは1個あたり，4÷200＝0.02（時間）

びんづめは1個あたり，3.5÷140＝0.025（時間）

1個あたりにかかる時間の短い方が速いから，かんづめの方が速いです。　　**答** かんづめづくりの機械

確認テスト①

答え➡別冊17ページ

時間**30**分　合格点**70**点

得点　／100

① 〔速さを求める〕

　　A 駅と B 駅の間は 3.6km はなれています。A 駅を 8 時 26 分に出発した電車が B 駅に 8 時 30 分に着きました。この電車の時速を求めましょう。　　　　　　　[10点]

② 〔平均の速さを求める〕

　　家から 1.2km はなれた遊園地まで往復するのに，行きは時速 6km，帰りは時速 4km で歩きました。往復の平均の速さは時速何 km ですか。　　　　　　[10点]

③ 〔速さと道のりの関係〕

　　まさやさんは時速 4km の速さで，かずやさんは時速 3.2km の速さで，同時に同じ場所から歩きます。　　　　　　　　　　　　　　　　　　　[各10点…合計20点]

(1)　10km の道のりを歩くとき，どちらが何分早く着きますか。

(2)　まさやさんが 20km 歩いたとき，2 人が進んだ道のりの差は何 km ですか。

④ 〔時速の問題〕

　　右の図のように，AB 間は 3km，BC 間は 4km です。ある人が AB 間を 20 分で走り，続いて BC 間を 30 分で走りました。次の問いに答えましょう。　　　　　　　[各10点…合計30点]

```
A     B         C
|-----|---------|
  3km     4km
```

(1)　AB 間を走る速さは時速何 km ですか。

(2)　BC 間を走る速さは時速何 km ですか。

(3)　この人は AC 間を，平均すると時速何 km で走ったことになりますか。

⑤ 〔歯車の問題〕

　　8 分間で 48 回転する歯車 A と 12 分間で 60 回転する歯車 B があります。次の問いに答えましょう。　　　[各10点…合計30点]

(1)　歯車 B は 25 分間で何回転しますか。

(2)　歯車 A が 288 回転するとき，B の歯車は何回転しますか。

(3)　どちらの歯車の回転が速いでしょう。

① 〔印刷にかかる時間〕

　1分30秒に120まい印刷できる印刷機があります。全校生徒420人に3まいずつ配るように印刷するには何分何秒かかりますか。 [20点]

② 〔進む時計〕

　1日に90秒進む時計があります。 [各10点…合計20点]

(1) 1週間で何分進むことになりますか。

(2) 日曜日の朝6時にこの時計を正しい時こくに合わせました。その週の土曜日の朝6時にこの時計は何時何分をさしているでしょう。

③ 〔速さと時間〕

　はるかさんは1時間に4.2km，あゆみさんは1時間に3.6kmの速さで歩きます。12.6kmはなれた目的地へ，2人が同じ場所から同時にスタートしました。 [各10点…合計20点]

(1) 2人の差が100mになるのは何分後ですか。

(2) あゆみさんが目的地へ着くのは，はるかさんが目的地に着いてから何分後ですか。

④ 〔トンネルを通過する電車〕

　秒速14mで走行する長さ150mの電車が，長さ1.95kmのトンネルに入りかけてから通りぬけるまでに何分何秒かかりますか。 [20点]

⑤ 〔進んでいるものを後から追いかける〕

　妹が時速3kmの速さで歩いて家を出ました。妹が家から800m進んだとき，兄がわすれ物をとどけるために自転車で追いかけ，8分で追いつきました。次の問いに答えましょう。 [各10点…合計20点]

(1) 家から何mのところで追いつきましたか。

(2) 兄が自転車の速さを2倍にすると，何分で妹に追いつくでしょう。

チャレンジテスト

1 ある印刷工場にはA，Bの2種類の機械があります。A
の機械は4時間で12000まい印刷することができ，B
の機械は5時間で10000まい印刷することができます。A，
Bそれぞれ2台ずつ使って70000まいの広告を印刷すると，
何時間で仕上がりますか。 [20点]

2 太郎さんは，道のりが930mの散歩道を，はじめに一定の速さで歩き，と中から
それまでの2倍の速さで走りました。かかった時間は10分で，はじめに歩いた
道のりは走った道のりより330m長かったといいます。次の問いに答えましょう。

[各10点…合計20点]

(1) 太郎さんがはじめに歩いた道のりは何mですか。

(2) 太郎さんは，はじめ毎分何mの速さで歩いたのですか。

3 ある列車が960mのトンネルを通りぬけるのに52秒，480mのトンネルを通り
ぬけるのに28秒かかります。次の問いに答えましょう。 [各10点…合計30点]

(1) この列車の速度は秒速何mですか。

(2) この列車の長さは何mですか。

(3) この列車が秒速15mの速さの貨物列車を40秒で追いこしました。この貨物列車
の長さは何mですか。

4 新幹線A号がある駅のホームを速さを変えず
に通過します。右のグラフは，A号がホームに
さしかかってからはなれるまでの時間と，ホーム
にある列車の長さとの関係を表しています。ホー
ムは列車の長さより長いものとして，次の問いに
答えましょう。 [各10点…合計30点]

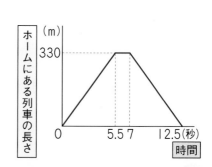

(1) A号の速さは時速何kmですか。

(2) この駅のホームの長さは何mですか。

(3) A号と列車の長さが同じで，速さがA号より20%速い新幹線B号がA号の前
方から進んできて，A号とすれちがいました。この2つの新幹線が出あってからは
なれるまでに何秒かかりましたか。

7 分数の性質

教科書の
まとめ

☆ わり算と分数

▶ わり算の商は分数で表すことができる。

例 $1 \div 6 = \dfrac{1}{6}$

（上に「わられる数」、下に「わる数」の矢印）

☆ 分数と小数・整数

▶ 分数を小数になおすには，分子を分母でわる。

例 $\dfrac{2}{5} = 2 \div 5 = 0.4$

▶ 小数は，10，100などを分母とする分数になおすことができる。

例 $0.3 = \dfrac{3}{10}$　　$0.67 = \dfrac{67}{100}$

▶ 整数は1を分母とする分数になおすことができる。

例 $5 = \dfrac{5}{1}$

☆ 等しい分数

▶ 分数の分母と分子に同じ数をかけても，また，同じ数でわっても，分数の大きさは変わらない。

例 $\dfrac{5}{6} = \dfrac{5 \times 2}{6 \times 2} = \dfrac{10}{12}$

例 $\dfrac{20}{24} = \dfrac{20 \div 4}{24 \div 4} = \dfrac{5}{6}$

☆ 約分と通分

▶ 約分のしかた

分母・分子をそれらの公約数でわり，これ以上わりきれないところまでわる。

例 $\dfrac{9}{12} = \dfrac{9 \div 3}{12 \div 3} = \dfrac{3}{4}$

▶ 通分のしかた

❶ 分母の最小公倍数を見つけ，それを新しい分母にする。

❷ はじめの分母を何倍したら新しい分母になるかを考え，もとの分子も同じだけ何倍かする。

例 $\dfrac{1}{3}$ と $\dfrac{3}{5}$ → $\dfrac{5}{15}$ と $\dfrac{9}{15}$

（×5，×3の矢印）

（3と5の最小公倍数は15）

1 分数と小数

問題 1 わり算と分数

2mのリボンを, かおるさんと, ゆかさんと, えみりさんの 3 人で分けます。
1 人分は何 m になるでしょう。

考え方　2m を 3 等分するので, 式は 2÷3 です。右の図のように, 1m を 3 等分すると　$1 \div 3 = \frac{1}{3}$(m)

2m を 3 等分すると, $\frac{1}{3}$m の 2 個分だから

$$2 \div 3 = \frac{2}{3}(m)$$

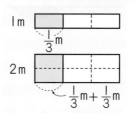

1m
$\frac{1}{3}$m

2m
$\frac{1}{3}$m + $\frac{1}{3}$m

答 $\frac{2}{3}$m

●整数どうしのわり算では, わられる数を分子, わる数を分母として, 商を分数で表すことができる。

$$▲ \div ● = \frac{▲}{●}$$

●分数には, 次の 2 つの意味がある。

・$\frac{2}{3}$は, $\frac{1}{3}$の 2 個分

・$\frac{2}{3}$は, 2÷3 の商

問題 2 分数を小数に, 小数を分数に

次の分数を小数で, 小数を分数で表しましょう。
(分数を小数で正確に表せないときは, $\frac{1}{100}$ の位までの小数で表しましょう。)

(1) $\frac{3}{5}$　　(2) $\frac{7}{9}$　　(3) 0.73　　(4) 0.669

コーチ

●分数を小数になおすには, 分子を分母でわればよい。

$$\frac{▲}{●} = ▲ \div ●$$

●分数のなかには, 小数で正確に表せないものもある。

●小数は, 10, 100, 1000 などを分母とする分数になおすことができる。

考え方　分数を小数になおすには, **分子を分母でわります。**
小数を分数になおすには, $0.1 = \frac{1}{10}$, $0.01 = \frac{1}{100}$, $0.001 = \frac{1}{1000}$ などをもとにして考えます。

(1) $\frac{3}{5} = 3 \div 5 = 0.6$　…**答**

(2) $\frac{7}{9} = 7 \div 9 = 0.777\cdots$　わりきれないときは, 適当な位で四捨五入します。$\frac{1}{100}$ の位までの小数で表すと, 0.78　…**答**

(3) 0.73 は 0.01 の 73 個分です。$\frac{1}{100}$ の 73 個分で, $\frac{73}{100}$…**答**

(4) 0.669 は 0.001 の 669 個分です。$\frac{1}{1000}$ の 669 個分で,

$$\frac{669}{1000}…**答**$$

整数も分数になおすことができます。
7 = 7÷1 だから,
$7 = \frac{7}{1}$

確認テスト

①〔わり算と分数・小数〕
さとうが 3kg あります。
これを 4 等分すると，1 つ分は何 kg になりますか。分数と小数で答えましょう。

[各10点…合計20点]

②〔わり算と分数・小数〕
運動会のダンスに使うリボンを切ります。5 年 1 組は 32 人で 12m のリボンをもらいました。1 人何 m ずつに切ればよいでしょう。分数と小数で答えましょう。

[各10点…合計20点]

③〔分数倍〕
運動会で玉入れをして，赤組は 45 個，白組は 40 個の玉を入れました。次の問いに分数で答えましょう。1 より大きい分数になるときは，仮分数で答えましょう。

[各10点…合計20点]

(1) 赤組は白組の何倍入れたでしょう。

(2) 白組は赤組の何倍入れたでしょう。

④〔分数と小数〕
次の数を大きい順にならべたとき，3 番目に大きい数を答えましょう。　　[20点]

$$\frac{4}{9}, \quad 0.3, \quad \frac{7}{15}, \quad \frac{1}{3}, \quad 0.466$$

⑤〔分数と小数〕
$\frac{7}{27}$ を小数で表したとき，小数第 100 位の数字は何ですか。　　[20点]

2 約分と通分

問題 1 約 分

約分すると $\frac{7}{15}$ になる分数があります。この分数と等しい分数で，分子と分母の和が 132 になる分数を求めましょう。

考え方 $\frac{7}{15}$ と等しい分数は，$\frac{7}{15}=\frac{14}{30}=\frac{21}{45}=\cdots$ となり，分母と分子の和は $15+7=22$

これと等しい分数 $\frac{14}{30}$, $\frac{21}{45}$ の，分母と分子の和は

$$30+14=2\times(15+7)=2\times22=44$$
$$45+21=3\times(15+7)=3\times22=66$$
$$\vdots$$

と，22 の倍数になっています。$132=22\times6$ ですから，求める分数は $\frac{7}{15}$ の分母と分子を 6 倍して，$\frac{42}{90}$

答 $\frac{42}{90}$

問題 2 通 分

$\frac{1}{4}$ より大きく，$\frac{7}{10}$ より小さい分数で，分母が 8 であるものをすべて答えましょう。

考え方 4，8，10 の最小公倍数は 40 ですから，分母を 40 にそろえて考えます。$\frac{1}{4}$，$\frac{7}{10}$ は分母を 40 にすると，

$$\frac{1}{4}=\frac{10}{40}, \quad \frac{7}{10}=\frac{28}{40}$$

ですから，求める分数は $\frac{10}{40}$ より大きく，$\frac{28}{40}$ より小さい数です。

また，分母が 8 である分数の分母を 40 にすると，分母と分子が 5 でわりきれます。したがって

$$\frac{10}{40}, \quad \boxed{\frac{15}{40}, \quad \frac{20}{40}, \quad \frac{25}{40}}, \quad \frac{28}{40}$$

$\frac{1}{4}$　　　　　　　　　　　　$\frac{7}{10}$

の 3 つが考えられます。ですから，求める分数は，

$$\frac{15}{40}=\frac{3}{8} \quad と \quad \frac{20}{40}=\frac{4}{8} \quad と \quad \frac{25}{40}=\frac{5}{8}$$

答 $\frac{3}{8}$, $\frac{4}{8}$, $\frac{5}{8}$

コーチ

●約分するには，分母と分子の最大公約数でわる。

●約分する前と約分した後の分数の大きさは変わらない。

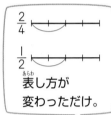

表し方が変わっただけ。

コーチ

●分母のちがういくつかの分数を，大きさを変えないで分母の同じ分数にそろえることを，通分するという。

●通分するには，それぞれの分数の分母の最小公倍数が共通な分母となるようにすればよい。

分母と分子には必ず同じ数をかけてね。

確認テスト

答え➡別冊19ページ

時間**30**分　合格点**70**点

得点 ／100

① 〔約分〕
次の問いに答えましょう。　　　　　　　　　　　　　　　　　　　　[各10点…合計20点]

(1) 分子と分母の和が45で，約分すると$\frac{2}{7}$になる分数を求めましょう。

(2) 分母から分子をひくと144で，約分すると$\frac{1}{17}$になる分数を求めましょう。

② 〔通分〕
ひろしさんの家では，畑全体の$\frac{1}{4}$できゅうりを，$\frac{1}{8}$でなすを，$\frac{5}{24}$でトマトを，$\frac{5}{18}$でとうもろこしを，$\frac{5}{36}$でかぼちゃを作っています。作っている面積の多い順にならべましょう。　　　　　　　　　　[20点]

③ 〔約分と通分〕
$\frac{2}{5}$より大きく$\frac{5}{8}$より小さい分数で，分母が20の分数について，次の問いに答えましょう。　　　　　　　　　　　　　　　　　　　　　　　　　　[合計20点]

(1) 最も小さいものと，最も大きいものを答えましょう。　　　　　　　　　（各5点）

(2) 約分できないものは，いくつありますか。　　　　　　　　　　　　　　（10点）

④ 〔通分〕
公園から図書館へ行くとき，はるかさんは1分間に$\frac{1}{6}$km走れる速さで走りました。のぞみさんは1分間に$\frac{7}{45}$km走れる速さで走りました。2人が同時に出発すると，どちらが早く着くでしょう。　　　　　　　　　　　　　　　　　　　　　　[20点]

⑤ 〔通分〕
$\frac{1}{7}$より大きく，$\frac{1}{5}$より小さい分数で，分子が4である分数は何個ありますか。

[20点]

7 分数の性質　**67**

チャレンジテスト①

答え→別冊20ページ

時間**40**分　合格点**60**点

得点 ／100

1 分数 $\frac{5}{8}$ と同じ大きさを表している数や式を，⑦〜⑦の中からすべて選び，記号で答えましょう。　　　　　　　　　　　　　　　[10点]

⑦　$8 \div 5$　　　⑦　$5 \div 8$　　　⑦　$\frac{15}{24}$　　　⑦　0.85　　　⑦　0.625

2 $1\frac{1}{3}$, 1.3, $1\frac{2}{7}$, $\frac{7}{5}$, 1.5 の5つの数の中で，2番目に小さい数はどれでしょう。

[10点]

3 次の問いに答えましょう。　　　　　　　　　　　　　[各10点…合計20点]

(1)　分母と分子の和が72で，約分すると $\frac{2}{7}$ になる分数の分子にあてはまる数を求めましょう。

(2)　分母と分子の差が15で約分すると $\frac{2}{5}$ になる分数を求めましょう。

4 次の問いに答えましょう。　　　　　　　　　　　　　[各15点…合計30点]

(1)　$\frac{1}{15}$ より大きく，$\frac{1}{12}$ より小さい分数で，分子が4である分数は何個ありますか。

(2)　0.2 より大きく $\frac{2}{3}$ より小さい分数のうち，分母が9の分数で，約分できないものは何個ありますか。

5 分母が64の分数があります。　　　　　　　　　　　[各15点…合計30点]

(1)　1より小さくて約分のできない分数は何個ありますか。

(2)　(1)の分数の中で，分子が5の倍数である分数の和を求めましょう。

チャレンジテスト②

答え➡別冊21ページ

時間**40**分　合格点**60**点　得点／**100**

1 $\frac{1}{85}$, $\frac{2}{85}$, $\frac{3}{85}$, …, $\frac{82}{85}$, $\frac{83}{85}$, $\frac{84}{85}$ の84個の分数のうち, 約分できるものは何個ありますか。　　　　　　　　　　　　　　　　　　　　　　　　[10点]

2 $\frac{1}{7}$ を小数で表すとき, 次の問いに答えましょう。　　　　　　　　　[合計15点]

(1) 小数第26位の数を答えましょう。　　　　　　　　　　　　　　　　　（5点）

(2) 小数第1位から小数第70位までの数をすべてたすと, いくつになりますか。

　　　　　　　　　　　　　　　　　　　　　　　　　　　　　　　　　（10点）

3 次の問いに答えましょう。　　　　　　　　　　　　　[各15点…合計30点]

(1) $\frac{1}{3}$ より大きく $\frac{4}{5}$ より小さい分数のうち, 分母が14である分数で約分できないものをすべて求めましょう。

(2) 約分すると $\frac{4}{9}$ となる分数のうち, 分母と分子の積を分母と分子の差でわると504になる分数を求めましょう。

4 次の問いに答えましょう。　　　　　　　　　　　　　[各15点…合計30点]

(1) 分母と分子の和が120で, 約分すると $\frac{3}{17}$ となる分数を求めましょう。

(2) $\frac{7}{29}$ の分母, 分子に同じ数をたすと $\frac{9}{11}$ になりました。どんな数をたしましたか。

5 約分すると $\frac{4}{7}$ になる分数があります。この分数の分母と分子の和から分母と分子の差をひくと1720になります。この分数を求めましょう。　　　　　　[15点]

ふく面算

答え→128ページ

シンデレラは，まま母や姉達がお城のぶとう会へ行っているあいだ，いつものように留守番をしていました。

私も行きたいなぁ。

私は算数が大好きなまほう使い！同じ数字を同じ文字で表した計算で，それぞれの文字がどんな数字か求める問題を，「ふく面算」というんだが，私が今から出す問題が解ければ，おまえをぶとう会に連れていってあげよう。

まずはこれだ！

$$
\begin{array}{r}
小大 \\
+\ \ \ 大 \\
\hline
中中
\end{array}
$$

こんなのかん単よ。

$$
\begin{array}{r}
79 \\
+\ \ 9 \\
\hline
88
\end{array}
$$

パチパチ

よろしい。ではこれはどうかな？

$$
\begin{array}{r}
木木 \\
\times 林木 \\
\hline
林森木
\end{array}
\qquad
\begin{array}{r}
しろ \\
\times しろ \\
\hline
こころ
\end{array}
\qquad
\begin{array}{r}
時計 \\
\times 時計 \\
\hline
大時計
\end{array}
$$

（林は木×2，森は木×3と考えてね。）

うーん

Niederheimbach

教科書の
まとめ

★ 分数のたし算とひき算

▶ **分母のちがう分数のたし算とひき算は**

❶分母を通分し,

❷分子どうし計算する。

❸答えは約分しておく。

例 $\dfrac{2}{3} + \dfrac{1}{4} = \dfrac{8}{12} + \dfrac{3}{12} = \dfrac{11}{12}$

通分する

例 $\dfrac{5}{6} - \dfrac{1}{3} = \dfrac{5}{6} - \dfrac{2}{6} = \dfrac{3}{6}$

通分する　　約分する　$= \dfrac{1}{2}$

答えが1より大きい分数になったときの答え方は「仮分数で」とか「帯分数で」などの指示があるときはそのように答えます。ないときには基本的にはどちらでもよいのですが,先生の指示にしたがってください。本書では,仮分数と帯分数の変かんの練習のため,帯分数を基本の表記とします。

★ 分数と小数のまじった計算

▶ **分数と小数のまじった計算**では,小数を分数になおしてから計算する。

▶ **小数 → 分数**

例 2.5 は $0.1\left(\dfrac{1}{10}\right)$ が 25 こ集まった数なので

$$2.5 = \dfrac{25}{10} = \dfrac{5}{2}$$

例 $3.14 = \dfrac{314}{100} = \dfrac{157}{50}$

▶ **分数と小数のまじった計算**

例 $\dfrac{1}{5} + 0.7 = \dfrac{1}{5} + \dfrac{7}{10}$

$$= \dfrac{2}{10} + \dfrac{7}{10}$$

$$= \dfrac{9}{10}$$

1 分数のたし算とひき算

ゆうすけさんとまりあさんの水とうに
は，お茶がそれぞれ $\frac{5}{6}$ L，$\frac{3}{10}$ L 入って
います。
2人合わせて何L入っていますか。

●分母のちがう分数の
たし算では，すべての
分数を通分してから計
算する。そのとき，分
母は，もとの分数の分
母の最小公倍数にする
とよい。

●答えが約分できると
きは約分しておく。

分母のちがう分数のたし算です。
分母を 6 と 10 の最小公倍数 30 で通分すると，

$$\frac{5}{6}=\frac{25}{30}, \quad \frac{3}{10}=\frac{9}{30}$$

よって　$\frac{5}{6}+\frac{3}{10}=\frac{25}{30}+\frac{9}{30}=\frac{34}{30}=\frac{17}{15}=1\frac{2}{15}$

約分できるものは約分する。

答　$1\frac{2}{15}$ L

さやかさんはリボンを $\frac{5}{4}$ m，えみさん
はリボンを $\frac{7}{6}$ m 持っています。
どちらのリボンが何 m 長いですか。

●どちらが多いか少な
いかを求める問題では，
まず通分して，大きい
数から小さい数をひく。

このままでは，どちらのリボンが長いのかわからない
ので，通分して比べます。

さやかさんが　$\frac{5}{4}=\frac{15}{12}$（m），えみさんが　$\frac{7}{6}=\frac{14}{12}$（m）

ですから，さやかさんのリボンの方が長いです。

$$\frac{5}{4}-\frac{7}{6}=\frac{15}{12}-\frac{14}{12}=\frac{1}{12}$$

答　さやかさんのリボンの方が $\frac{1}{12}$ m 長い

たいせつ
ポイント

分母のちがう分数のたし算やひき算は，通分してから計算する。
約分できれば答えは約分しておく。

問題 3 分数のたし算とひき算のまじった計算

コーチ

●たし算とひき算のまじった計算も，通分して，順序よく計算する。

$\dfrac{6}{5}$ L のこう茶に $\dfrac{3}{10}$ L の牛にゅうを入れて，けんいちさんと弟の2人が飲みました。けんいちさんは $\dfrac{1}{3}$ L，弟は $\dfrac{1}{4}$ L 飲みました。残りは何 L ですか。

考え方

通分するために，分母の最小公倍数を考えます。
5と10と3と4の最小公倍数は 60 です。

$$\dfrac{6}{5}=\dfrac{72}{60}, \quad \dfrac{3}{10}=\dfrac{18}{60}, \quad \dfrac{1}{3}=\dfrac{20}{60}, \quad \dfrac{1}{4}=\dfrac{15}{60} \quad だから$$

$$\dfrac{6}{5}+\dfrac{3}{10}-\dfrac{1}{3}-\dfrac{1}{4}=\dfrac{72}{60}+\dfrac{18}{60}-\dfrac{20}{60}-\dfrac{15}{60}=\dfrac{55}{60}=\dfrac{11}{12}$$

約分しておく

答 $\dfrac{11}{12}$ L

問題 4 分数と小数のまじった計算と逆算

コーチ

●分数と小数のまじった計算では，小数を分数になおして計算する。
●分数を小数になおすと，小数点からあとの数字がどこまでもつづく場合があるので，正確に計算できないことがある。

ある数に $\dfrac{29}{30}$ をたすところを，まちがってひいてしまったので，答えが 3.2 になりました。正しい答えを求めましょう。

考え方

小数を分数になおして計算します。

$$3.2=\dfrac{32}{10}=\dfrac{16}{5}$$

ある数を□とすると，$\square-\dfrac{29}{30}=\dfrac{16}{5}$ ですから

$$\square=\dfrac{16}{5}+\dfrac{29}{30}=\dfrac{96}{30}+\dfrac{29}{30}=\dfrac{125}{30}$$

式のと中では，必ずしも約分しなくてよい。

たとえば，左の問題で，

$$\dfrac{29}{30}=0.9666\cdots$$

なので

$$\square=3.2+0.9666\cdots$$

となる。

正しい答えは

$$\dfrac{125}{30}+\dfrac{29}{30}=\dfrac{154}{30}=\dfrac{77}{15}=5\dfrac{2}{15}$$

答 $5\dfrac{2}{15}$

確認テスト

答え→別冊22ページ

❶ 〔分数のたし算〕

使いかけの油のボトルが3本残っています。Aのボトルには$\frac{3}{5}$，Bのボトルには$\frac{1}{4}$，Cのボトルには$\frac{5}{8}$残っています。ただし，ボトルの大きさは，みんな同じです。

[各10点…合計20点]

(1) いちばん多く残っているのはどのボトルですか。

(2) 残っている油を1つにまとめると，ボトルは何本必要ですか。

❷ 〔分数のひき算〕

まわりの長さが24mの花だんがあります。たての長さが$\frac{23}{5}$mのとき，横の長さは何mになりますか。　　[20点]

❸ 〔分数のたし算・ひき算〕

日曜日にへいのペンキぬりをしました。午前中に，兄はへいの$\frac{1}{4}$，弟はへいの$\frac{1}{5}$，父はへいの$\frac{1}{3}$をぬりました。あとへいのどれだけ残っているでしょう。　　[20点]

❹ 〔分数と小数のまじった計算〕

さとうが，ふくろには$2\frac{5}{8}$kg，箱には2.7kg入っています。次の問いに分数で答えましょう。

[合計40点]

(1) どちらがどれだけ多いでしょう。　　(10点)

(2) 両方で何kgのさとうになるでしょう。　　(15点)

(3) ふくろのさとうを$\frac{1}{4}$kg，箱のさとうを0.5kg使ったとき，さとうは両方で何kgになるでしょう。　　(15点)

チャレンジテスト

1 1.8L のジュースを兄と弟の水とうに分けて入れました。兄の水とうは $\frac{5}{7}$ L，弟の水とうは $\frac{3}{5}$ L 入ります。あと何 L 残っているでしょう。 [20点]

2 さくらさん，かずまさん，るちあさんの 3 人はそれぞれ 1 つの数の書かれたカードを 1 まいずつもっています。その数はさくらさんが 2.5，かずまさんが $\frac{29}{12}$，るちあさんが $2\frac{5}{8}$ だそうです。3 人のカードに書かれた数のうち，いちばん大きい数からいちばん小さい数をひいて，その数に 2 番目に大きい数をたした数を求めましょう。 [20点]

3 はやとさんは，社会の調べ物学習を，昨日は $\frac{6}{5}$ 時間，今日は $\frac{5}{6}$ 時間しました。昨日と今日とで，何時間何分，調べ物学習をしたことになるでしょう。 [20点]

4 1 まき 3.5m のリボンを買ってきました。姉が友達へのプレゼントをつつむのに $\frac{7}{5}$ m 使いました。妹は，かべかけをつるすのに $\frac{8}{11}$ m 使いました。あと何 m 残っていますか。 [20点]

5 次の A，B，C には 1 けたの整数が入ります。あてはまる数はいくつかありますが，3 つともちがう整数になるとき，C にあてはまる数を求めましょう。ただし，A から順に小さい数をあてはめていくものとします。 [20点]

$$\frac{1}{A} + \frac{1}{B} + \frac{1}{C} = 1$$

トマト算

答え➡128ページ

12×63 を計算すると，12×63＝756，では，右から数字を読んで，36×21 を計算すると，こちらも 756 です。

左からかける

$$12×63＝756$$

右からかける

　このように，左からかけても，右からかけても同じ数になるかけ算を，トマト算といいます。次の中から，トマト算をさがしてみましょう。

(1)　73×21

(2)　13×93

(3)　642×369

(4)　67×32

(5)　32×46

(6)　123×642

(7)　317×432

(8)　12×42

(9)　14×82

⑨ 四角形と三角形の面積

☆ 平行四辺形・三角形の面積

▶ 平行四辺形や三角形の面積は，次の
公式で求められる。

平行四辺形の面積＝底辺×高さ

三角形の面積＝底辺×高さ÷2

▶ 底辺と高さ

平行四辺形で，ある辺を底辺としたと
き，その底辺とこれに平行な辺との間
のはばを高さという。

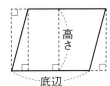 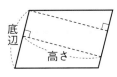

三角形で，ある辺を底辺としたとき，
その底辺と向かい合う頂点から垂直に
ひいた直線の長さを高さという。

☆ 台形・ひし形の面積

▶ 台形の面積…合同な台形を2つな
らべると，平行四辺形になる。

台形の面積
＝（上底＋下底）×高さ÷2

 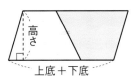

▶ ひし形の面積…ひし形を長方形で
囲むと，面積は長方形の半分。

ひし形の面積＝対角線×対角線÷2

1 平行四辺形・三角形の面積

問題 1 平行四辺形の面積

右の平行四辺形について答えましょう。

(1) 面積を求めましょう。

(2) □にあてはまる数を求めましょう。

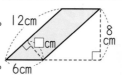

コーチ

●平行四辺形の1つの辺を底辺とするとき，その底辺とこれに平行な辺との間のはばを高さという。

考え方 平行四辺形の面積＝底辺×高さ で求められます。

6cmの辺を底辺と考えると高さは8cm，12cmの辺を底辺と考えると高さは□cmです。

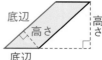

(1) 底辺が6cm，高さが8cmだから

6×8＝48(cm²)　**答** 48cm²

(2) (1)から，面積は48cm²です。

底辺を12cm，高さを□cmとして面積の公式にあてはめると，

12×□＝48

□＝48÷12

□＝4　**答** 4

●平行四辺形の面積は，長方形に形を変えれば求めることができる。

問題 2 三角形の面積

次の三角形の面積を求めましょう。

(1)

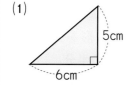

(2)

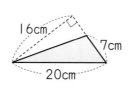

コーチ

●高さが三角形の外にある場合もある。

考え方 三角形の面積＝底辺×高さ÷2 で求められます。

高さは，底辺に垂直な直線の長さです。

(1) この三角形は直角三角形なので，底辺を6cmの辺と考えると，高さは5cmです。

6×5÷2＝15(cm²)　**答** 15cm²

(2) 頂点から向かい合う辺に垂直にひいた直線の長さが高さです。

この三角形は，底辺が7cm，高さが16cmです。

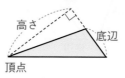

7×16÷2＝56(cm²)　**答** 56cm²

確認テスト

1 〔平行四辺形，三角形の面積の公式を使って〕
　それぞれの図で，□にあてはまる数を求めましょう。　　　　[各15点…合計30点]

(1)
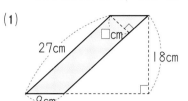
27cm
□cm
18cm
9cm

(2)
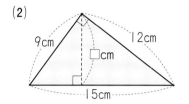
9cm
□cm
12cm
15cm

2 〔直角三角形と長方形の面積〕
　図1の直角三角形と図2の長方形を組み合わせて図3をつくると，三角形⑦と⑦
の面積の和が三角形⑦の面積と等しくなりました。
　図2の長方形のたての長さは，何cmですか。　　　　　　　　　　　　　[20点]

(図1)
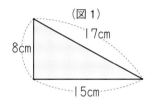
17cm
8cm
15cm

(図2)
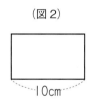
10cm

(図3)
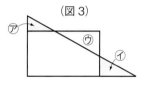

3 〔平行四辺形と三角形の面積〕
　右の図は，長方形と平行四辺形を重ねたものです。色の
ついた部分の面積は66cm²とします。　　[各15点…合計30点]

(1) GCの長さは何cmですか。

(2) 三角形GBCの面積と等しい面積の三角形FCHをつくる
　とき，CHの長さを何cmにすればよいですか。

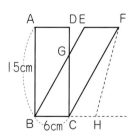
A　　DE　　F
G
15cm
B　6cm　C　H

4 〔平行四辺形の中の点と頂点を結んでできる形の面積〕
　右の図のように，平行四辺形ABCDの中に点Gを
かき，A，B，C，Dのそれぞれの頂点と直線で結びま
した。色のついた部分の面積を求めましょう。　　[20点]

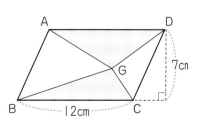
A　　　　　D
G
7cm
B　　12cm　　C

2 いろいろな四角形の面積

問題1 台形の面積

右の図のような台形の面積を求めましょう。

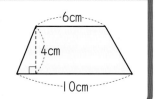

●台形の面積は，次の公式で求められる。

台形の面積
＝（上底＋下底）
　　×高さ÷2

考え方 右の図のように同じ台形を2つ合わせると，底辺（10＋6）cm，高さ4cmの平行四辺形になります。台形の面積はこの平行四辺形の面積の半分ですから，

(10＋6)×4÷2＝32(cm²)

答 32cm²

別の考え方 右の図のように，台形を対角線で2つの三角形に分けて，2つの三角形の面積の和を求めます。

10×4÷2＋6×4÷2＝32(cm²)

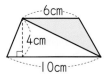

答 32cm²

台形の平行な辺を上底と下底といいます。

問題2 ひし形の面積

右の図のようなひし形の面積を求めましょう。

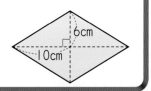

●ひし形の面積は，次の公式で求められる。

ひし形の面積
＝対角線×対角線÷2

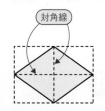
対角線

考え方 右の図のような長方形をかいて考えると，ひし形の面積は，たて12cm，横20cmの長方形の面積の半分です。

12×20÷2＝120(cm²)

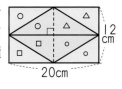

答 120cm²

別の考え方 右の図のように，ひし形を対角線で2つの同じ形の三角形に分けて，2つの三角形の面積の和を求めます。

(20×6÷2)×2＝120(cm²)

答 120cm²

●ひし形でなくても対角線が垂直な四角形の面積は，

対角線×対角線÷2

で求められる。

確認テスト

答え→別冊24ページ

得点 ／100

時間**30**分　合格点**70**点

1〔四角形の面積〕
方眼の1目は1cmです。次の四角形の面積を求めましょう。　[各10点…合計40点]

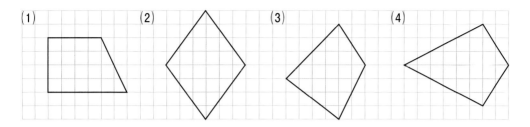

(1)　(2)　(3)　(4)

2〔いろいろな図形の面積〕
下の図の2本の直線は平行です。次の台形，三角形，平行四辺形の面積を求めましょう。　[各10点…合計30点]

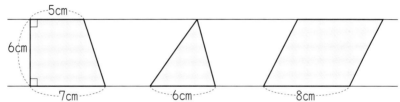

3〔台形の面積〕
右の図のような台形ABCDがあります。
この台形の面積を変えずに，三角形ABEを作るとき，CEの長さを求めましょう。　[10点]

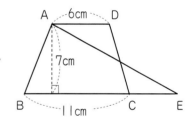

4〔ひし形の面積〕
面積が64cm²のひし形があります。
このひし形の1本の対角線の長さが20cmのとき，もう1本の対角線の長さは何cmでしょう。　[10点]

5〔対角線が垂直な四角形の面積〕
右の図の四角形ABCDで，対角線ACと対角線BDは垂直です。また，AC=6cm，BD=10cmです。面積は何cm²でしょう。　[10点]

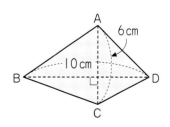

③ 面積の公式を使って

問題 1　面積の求め方のくふう

右の図のように，たて 10m，横 16m の長方形の花だんに道をつけました。
花だんだけの面積を求めましょう。

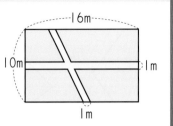

コーチ

●底辺と高さがそれぞれ等しい平行四辺形の面積は同じである。

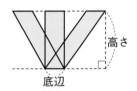

高さ

底辺

形が変わっても，面積は同じだね。

 考え方　底辺と高さがそれぞれ等しい平行四辺形の面積は同じであることを使って，面積を変えないで，形を変えて考えます。右の図のように，2 本の道を花だんのはしまで寄せても，面積は変わりません。

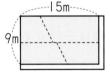

道をのぞいた花だんだけの面積は，たて 9m，横 15m の長方形の面積と同じですから，

$$9 \times 15 = 135 (m^2)$$

答 135m²

問題 2　多角形の面積

右の方眼の 1 目は 1cm です。
五角形 ABCDE の面積を求めましょう。

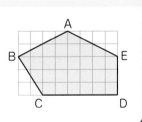

コーチ

●多角形の面積は，対角線でいくつかの三角形に分けて求めることができる。

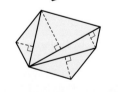

 考え方　対角線で 3 つの三角形に分けて求めます。

右の図で，三角形 ABE の面積は

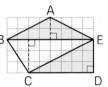

$$8 \times 2 \div 2 = 8 (cm^2)$$

三角形 BCE の面積は　$8 \times 3 \div 2 = 12 (cm^2)$

三角形 CDE の面積は　$6 \times 3 \div 2 = 9 (cm^2)$

五角形 ABCDE の面積は　$8 + 12 + 9 = 29 (cm^2)$

答 29cm²

別の考え方　方眼紙の面積から五角形でない部分の面積をひきます。

$$5 \times 8 = 40 (cm^2)$$

$$4 \times 2 \div 2 \times 2 + 2 \times 3 \div 2 = 11 (cm^2)$$

$$40 - 11 = 29 (cm^2)$$

答 29cm²

確認テスト

答え → 別冊24ページ

時間 **30**分　合格点 **70**点

得点 ／100

1 〔くふうして面積を求める〕
次の図形の色のついた部分の面積を求めましょう。　　　　　　　〔各10点…合計20点〕

(1)
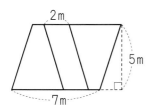

(2)
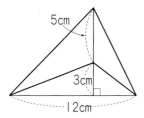

2 〔多角形の面積〕
次の図形の色のついた部分の面積を求めましょう。　　　　　　　〔各15点…合計30点〕

(1)

(2)

3 〔多角形の面積〕
方眼の1目は1cmです。次の図形の面積を求めましょう。　　　　〔各10点…合計30点〕

(1)　　　　　　　　　(2)　　　　　　　　　(3)

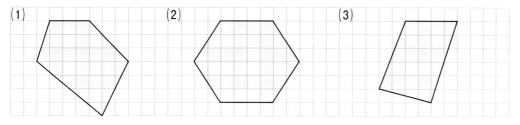

4 〔多角形の面積〕
右の図は，外側は1辺が2cmの正方形で，辺上の点はその辺を4
等分した点です。色をつけた部分の面積を求めましょう。　〔20点〕

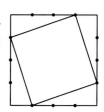

チャレンジテスト①

1 次の図の色をつけた部分の面積を求めましょう。

[各20点…合計40点]

(1)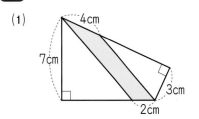

(2)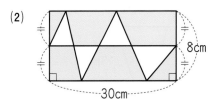

2 右のような平行四辺形の形をした土地があります。この土地に，図のように道をつけ，道をのぞいたところをしばふにします。

しばふの面積は何 ㎡ でしょう。

[20点]

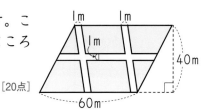

3 右の図のように，三角形アイウの辺アイ，イウのまん中の点をそれぞれ点エ，オとします。

三角形アイウの面積が 66cm² のとき，三角形ウエオの面積は何 cm² か求めましょう。

[20点]

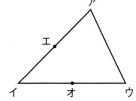

4 1辺の長さが10cm の正方形に，右の図のように2本の直線をひくと，アとイの面積が等しくなりました。

右の図の□にあてはまる数を求めましょう。

[20点]

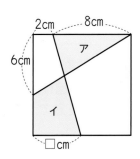

チャレンジテスト②

1 次の図の色をつけた部分の面積を求めましょう。 [各15点…合計30点]

(1)
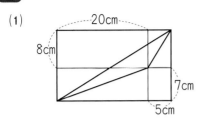

(2)
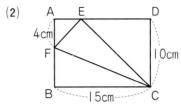

四角形 ABCD は長方形。直線 CF を折り目として折り曲げている。

2 右の図の四角形 ABCD は平行四辺形で，四角形 ABED は台形です。

色をつけた部分の面積は何 cm² でしょう。 [20点]

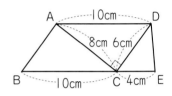

3 ひし形 ABCD で，対角線の交わる点を O とします。辺 AB の長さは 6cm，㋐の角は 30°で，点 M は辺 BC のまん中の点です。 [各15点…合計30点]

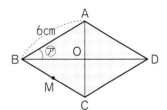

(1) 対角線 AC の長さは何 cm ですか。

(2) ひし形 ABCD の面積は，三角形 OMD の面積の何倍ですか。

4 右の図の四角形は，1辺 5cm と 4cm の正方形です。色をつけた部分の面積を求めましょう。 [20点]

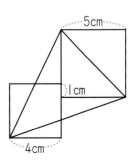

チャレンジテスト③

答え → 別冊26ページ

時間**40**分　合格点**60**点　得点／**100**

1 右の図の四角形 ABCD で，点 E は辺 BC のまん中の点です。次の問いに答えましょう。　[各15点…合計30点]

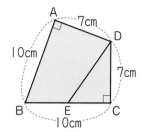

(1) 三角形 DEC の面積は何 cm² ですか。

(2) 四角形 ABED の面積は何 cm² ですか。

2 右の図で，色のついた部分の面積が 40cm² のとき，□にあてはまる数を求めましょう。　[20点]

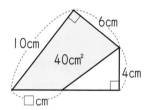

3 右の図のような平行四辺形 ABCD で，AD＝20cm，DG＝10cm です。点 E，F は，それぞれ辺 AD，BC を 2 等分する点です。このとき，色をつけた部分の面積の和を求めましょう。　[20点]

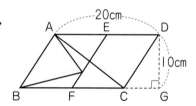

4 右の図のような台形の形をした土地があります。　[各15点…合計30点]

(1) この土地を面積の等しい 2 つの土地に分けます。
図Ⓐのように分けるとき，BE の長さは何 m になりますか。

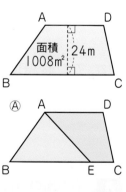

(2) この土地を面積の等しい 3 つの土地に分けます。
図Ⓑのように分けるとき，BE の長さは何 m になりますか。
ただし，AB と FE は平行です。

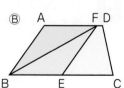

10 百分率とグラフ

★ 割合と百分率・歩合

> ▶ 割　合…ある量をもとにして，比べられる量がもとにする量の何倍にあたるかを表した数。

割合＝比べられる量÷もとにする量
比べられる量＝もとにする量×割合
もとにする量＝比べられる量÷割合

> ▶ 百分率…割合を表す 0.01 を 1 パーセントといい，1% と書く。
1＝100%

> ▶ 歩　合…割合を割，分，厘で表したもの。

> ▶ 割合と百分率・歩合の関係

割合を表す小数	1	0.1	0.01	0.001
百分率	100%	10%	1%	0.1%
歩　合	10割	1割	1分	1厘

★ 割合を使って

> ▶ 百分率や歩合で表された割合は小数で表して計算する。

例　200 円の 30%引きのねだん
　　→　1－0.3＝0.7
　　　　200×0.7＝140（円）

★ 帯グラフ，円グラフ

> ▶ 帯グラフ…全体を長方形で表し，各部分の割合にしたがって区切ったグラフ。

海の広さ

太平洋	大西洋	インド洋	その他

0　10　20　30　40　50　60　70　80　90100%

> ▶ 円グラフ…全体を円で表し，各部分の割合にしたがって半径で区切ったグラフ。

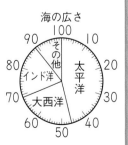

海の広さ

割合の意味

問題1 割合

あいさんのクラスは，全員で35人です。そのうち，女子は14人います。

女子の人数は，クラス全員の人数の何倍にあたりますか。

 考え方

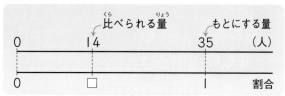

	比べられる量	もとにする量	
0	14	35	（人）
0	□	1	割合

14人が35人の何倍にあたるかを求めます。

14÷35＝0.4（倍）   **答** 0.4倍

 もっとくわしく

このように，ある量をもとにして，比べられる量がもとにする量の何倍にあたるかを表した数を割合といいます。

割合＝比べられる量÷もとにする量

問題2 百分率・歩合

あるデパートで，2000円のぼうしを1600円にね下げして売りました。

(1) もとのねだんの何％で売りましたか。

(2) もとのねだんより何割安くなりましたか。

 コーチ

●割合は，小数だけでなく，百分率や歩合で表すこともできる。

●百分率は，パーセントで表した割合。
　1＝100％

●歩合は，割，分，厘で表した割合。
　0.1＝1割
　0.01＝1分
　0.001＝1厘

●百分率や歩合を求めるときは，割合を小数で表してから，百分率や歩合になおす。

 考え方

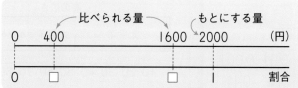

	比べられる量	もとにする量	
0	400	1600　2000	（円）
0	□	□　1	割合

(1) 1600円が2000円の何倍にあたるか考えます。

1600÷2000＝0.8　　0.8を百分率で表すと，80％です。

答 80％

(2) 2000－1600＝400より，400円安くなりました。

400円が2000円の何倍にあたるか考えます。

400÷2000＝0.2　　0.2を歩合で表すと，2割です。

答 2割

確認テスト

答え➡別冊27ページ

時間**30**分　合格点**70**点　得点／100

① 〔割合を求める〕

ひろみさんの学校の5年生の人数は150人です。昨日，かぜで欠席した人は18人です。

[各10点…合計20点]

⑴ 昨日かぜで欠席した人数は，5年生の人数の何倍にあたりますか。

⑵ 昨日かぜで欠席した人数の割合を，百分率で表しましょう。

② 〔歩合を求める〕

たけしさんは，少年野球チームの試合で，8回の打数で3回ヒットを打ちました。打率は，何割何分何厘といえますか。 [20点]

③ 〔百分率を求める〕

まゆさんの組の学級文庫には，本が50さつあります。そのうち，物語の本は23さつです。

物語の本は，全体の何％でしょう。 [20点]

④ 〔乗車率〕

通きんラッシュの時間帯は，電車の中は身動きがとれないほどきゅうくつです。ある月曜日の通きん時間帯に，定員800人の電車に960人の人が乗りました。

このとき，乗っている人は定員の何％でしょう。 [20点]

⑤ 〔増加率〕

あるてんらん会の入場者数は1日目が170人，2日目が136人でした。

2日目の入場者数は1日目の入場者数に対して何％減少しましたか。 [20点]

2 比べられる量ともとにする量

問題 1 比べられる量の求め方

みさとさんの小学校で，児童625人のうち，虫歯のない人は20%だそうです。全校で虫歯のない人は何人いますか。

コーチ

●割合に関する問題では，何がもとにする量で，何が比べられる量かを，まず考える。

考え方 百分率を小数で表して考えます。20%＝0.2

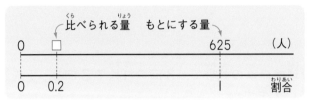

虫歯のない人は，625人の0.2倍ですから，
625×0.2＝125（人）

答 125人

比べられる量＝もとにする量×割合

●1あたりの量
　＝もとにする量
●百分率や歩合で表された割合は，小数で表して考える。

問題 2 もとにする量の求め方

なおやさんは，480円の雑しを買いました。これは，おこづかい1か月分の3割にあたるそうです。なおやさんは，1か月にいくらおこづかいをもらっていますか。

コーチ

●もとにする量を求めるときは，もとにする量を□として，比べられる量を求める式にあてはめて考えると，求めやすくなる。

考え方 歩合を小数で表して考えます。3割＝0.3

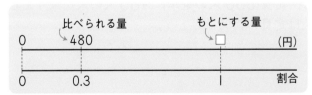

480円は，1か月のおこづかいの0.3倍にあたる金額です。
1か月のおこづかいを□円とすると，

$$□×0.3＝480$$
$$□＝480÷0.3$$
$$□＝1600$$

答 1600円

$$□円 \xrightarrow[÷0.3]{×0.3} 480円$$

もとにする量＝比べられる量÷割合

確認テスト

1〔比べられる量を求める〕

なしの成分の80%は水分です。

なし150gには，何gの水分がふくまれているでしょう。　［15点］

2〔比べられる量を求める〕

たかしさんはおこづかいを1200円もらいました。そのうち6割を使って，残りを貯金しました。いくら貯金したでしょう。　［15点］

3〔比べられる量を求める〕

右の図のような長方形の花だんがあります。花だんの中央に正方形の形にチューリップを植え，そのまわりにガーベラを植えます。

チューリップの面積を花だん全体の40%にしたいとき，正方形の1辺の長さは何mにすればよいでしょう。　［20点］

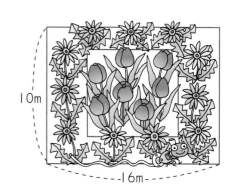

10m

16m

4〔もとにする量を求める〕

バスに18人乗っています。これは，バスの定員の30%にあたります。

バスの定員を求めましょう。　［15点］

5〔もとにする量を求める〕

ゆうきさんのサッカーチームは，これまでに何回か試合をして，そのうち13回勝ちました。勝った割合は，全試合数の52%だそうです。

このチームは，これまでに何回試合をしたでしょう。　［15点］

6〔もとにする量を求める〕

ある花屋で，仕入れたバラの74%が売れて，あと39本残っています。

仕入れたバラは何本でしょう。　［20点］

③ 割合を使った問題

問題① 定価と割引き

定価 3200 円のセーターを，定価の 30 ％引きで買いました。
代金はいくらになるでしょう。

考え方　定価の 30％引きというのは，定価の(1－0.3)倍のことです。

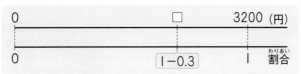

代金は，3200 円の(1－0.3)倍だから
3200×(1－0.3)＝2240(円)

答　2240 円

別の考え方　定価 3200 円の 30％にあたる金額は
3200×0.3＝960(円)
代金は，3200 円の 960 円引きだから
3200－960＝2240(円)

答　2240 円

コーチ

●ことばで割合の増減が表されているときは，まず，割合を小数で表す。
30％引き
　1－0.3＝0.7
20％増し
　1＋0.2＝1.2
●仕入れね・原価
　仕入れたねだん
●定価
　店頭に出すねだん
●売りね
　実際に売ったねだん
●利益
　もうけのこと

問題② 食塩水の濃度

(1)　10g の食塩を 190g の水にとかして，食塩水を作ります。食塩の重さは，できた食塩水全体の重さの何％ですか。
(2)　(1)と同じ濃度の食塩水を 500g 作るとき，何 g の食塩がいりますか。

考え方

(1)　食塩水全体の重さは　10＋190＝200(g)
　　10g が 200g の何％にあたるかを求めるから
　　10÷200＝0.05

答　5％

(2)　食塩の重さは，500g の 5％の重さだから
　　500×0.05＝25(g)

答　25g

コーチ

●とけている食塩の重さが，食塩水全体の重さの何％にあたるかを，濃度という。
●濃度を求める式
食塩の重さ÷食塩水の重さ×100(％)

食塩水の重さは，(食塩＋ま水)の重さです。

確認テスト

1 〔原価と定価〕
　原価1200円の品物に15%の利益をみこんで定価をつけます。
定価はいくらになるでしょう。　　　　　　　　　　　　　　　[20点]

2 〔定価と代金〕
　ある品物を定価の30%引きで買った場合の代金は1260円になります。
この品物の定価は何円ですか。ただし，消費税は考えないものとします。　　[20点]

3 〔仕入れねと売りね〕
　定価1000円のハンカチを2割引きで売ったところ，
300円の利益がありました。
　仕入れたねだんはいくらでしょう。　　　　　　　　[20点]

4 〔食塩水の濃度〕
　6%の食塩水200gと3%の食塩水300gをまぜると，何%の食塩水ができるでしょう。　　　　　　　　　　　　　　　　　[20点]

5 〔食塩水の濃度〕
　8%の食塩水が200gあります。　　　　　　　　[各10点…合計20点]

(1)　この食塩水の中には何gの食塩がふくまれていますか。

(2)　この食塩水に水を加えて5%の食塩水にしようと思います。何gの水を加えればよいでしょう。

4 帯グラフと円グラフ

問題 1　帯グラフ

下の帯グラフは，ある学校で1か月間に図書室で貸し出した本の数の割合を表したものです。

図書室で貸し出した本の数の割合

物語	伝記	科学	図かん	その他

```
0  10  20  30  40  50  60  70  80  90 100%
```

(1) 伝記は図かんの何倍ですか。

(2) 貸し出した本は全部で450さつです。物語は何さつ貸し出したでしょう。

(1) 目もりを読むと，伝記は24%，図かんは6%です。

24÷6＝4(倍)　　　　　　　　　　　**答** 4倍

(2) 物語の割合は40%です。450さつの40%だから

450×0.4＝180(さつ)　　　　　**答** 180さつ

●帯のような長方形を各部分の割合にしたがって区切ったものを帯グラフという。

●帯グラフは，各部分の割合をみたり，部分どうしの割合を比べたりするのに便利である。

問題 2　円グラフ

下の表は，ある学校の町別の児童数を表したものです。これを円グラフに表しましょう。

町別の児童数

町　名	東町	西町	北町	南町	その他	合計
人数(人)	230	168	89	57	36	580

●全体を円で表し，それを各部分の割合にしたがって半径で区切ったものを円グラフという。

●合計が100％にならないときは，割合のいちばん大きい部分か「その他」で調整する。

まず，**各部分の割合を百分率**で求めます。わりきれないときは，小数第一位を四捨五入します。

東　町…230÷580×100

　　　　　　40
　　＝39.6…⇨40%

西　町…168÷580×100

　　　　　9
　　＝28.9…⇨29%

北　町…89÷580×100

　　＝15.3…⇨15%

南　町…57÷580×100＝9.8…⇨10%
　　　　　　　　　　　　10

その他…36÷580×100＝6.2…⇨6%

答 町別の児童数の割合

帯グラフも円グラフも割合の大きいものからかき，「その他」はいちばん最後にかきます。

確認テスト

答え → 別冊29ページ

時間 **30**分　合格点 **70**点

得点 ／**100**

1 〔帯グラフをかく〕

右の表は，ある年の日本の県別のりんごのとれ高を表したものです。

りんごのとれ高

県　名	青森県	長野県	岩手県	山形県	その他	合計
とれ高（単位：万t）	49	19	7	5	13	93

※単位「万t」は，一の位が1万tを表します。

これを帯グラフに表しましょう。 [20点]

りんごのとれ高

0　10　20　30　40　50　60　70　80　90 100%

2 〔帯グラフの見かた〕

右のグラフは大豆の成分を表したものです。 [各15点…合計30点]

(1) 炭水化物は全体の何％ですか。

大豆の成分

たんぱく質	炭水化物	しぼう	その他

0　10　20　30　40　50　60　70　80　90 100%

(2) 大豆200gの中にふくまれるたんぱく質の重さは何gですか。

3 〔円グラフをかく〕

下の表は，学校の前を通った乗り物の数を調べたものです。これを円グラフに表しましょう。 [20点]

学校の前を通った乗り物

種　類	乗用車	トラック	タクシー	オートバイ	バス	その他	合計
台数（台）	160	53	46	31	23	27	340

学校の前を通った乗り物の割合

4 〔円グラフの見かた〕

右の円グラフは，はるかさんがもっている本のさっ数の割合を表したものです。 [各15点…合計30点]

(1) まんがは伝記の何倍ですか。

(2) はるかさんは物語の本を12さつもっています。はるかさんは，本を全部で何さつもっているでしょう。

もっている本の割合

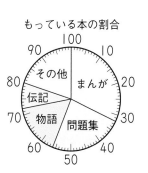

チャレンジテスト①

1 ある商品を先週より2%ね上げしました。来週は，今週よりさらに5%ね上げします。2週間で何%ね上げしたことになるでしょう。　[10点]

2 50cmの32%にあたる長さは，0.8mの何%になりますか。　[15点]

3 500gで4500円のお茶があります。そのままのねだんで，量を20%だけ増やして売ると，100gあたりいくらで売ることになりますか。　[15点]

4 右の帯グラフは，るりさんの家の先月の支出を表したもので，住宅費は40000円でした。[各10点…合計30点]

るりさんの家の支出

食費	衣服費	住宅費	その他

0　　　　　　　35　45　　　65　　　　　　100%

(1) 先月の支出は全部でいくらでしたか。

(2) 食費は何円でしたか。

(3) その他のうちの20%が通信費でした。支出全体の長さを20cmの帯グラフで表すと，通信費の長さは何cmになりますか。

5 ある中学校の現在の生徒数は540人で，そのうち女子の割合は35%です。3年生180人が卒業すると，女子の割合は45%になります。　[各10点…合計30点]

(1) 現在の生徒数で，男子は女子より何人多いですか。

(2) 3年生の女子の人数は何人ですか。

(3) 来年度新入生180人を加えて，全体で女子の割合が50%になるには，新入生の女子が男子より何人多ければよいですか。

チャレンジテスト②

答え➡別冊30ページ
時間**30**分　合格点**60**点　得点／100

1　あるえい画館が開館しました。2日目の入館者数は初日より30%増え，3日目は2日目より15%減ったので，3日目の入館者数は初日より126人多くなりました。初日の入館者数は何人だったでしょう。　[10点]

2　原価2400円の品物について，定価の4割引きで売り，原価の2割の利益を得るためには，定価をいくらにすればよいですか。　[15点]

3　ある濃度の食塩水200gに食塩を10g加えたあと，さらに水を50g加えると，10%の食塩水ができました。もとの食塩水の濃度は何%ですか。　[15点]

4　100㎡の畑があります。そのうちの30%にあたる面積にナスを植え，20㎡にネギを植えました。残りの畑の70%の面積にキュウリを植え，あとはトマトを植えました。　[各10点…合計30点]

(1)　ネギ畑は全体の何%ですか。

(2)　キュウリ畑は何㎡ですか。

(3)　ナス畑はトマト畑の何倍にあたりますか。

5　右のグラフは2000年から2015年までの年代別人口の変化を表したものです。　[各10点…合計30点]

(1)　15年間で最も割合が増えたのはどの年代の人ですか。

(2)　2000年に比べ，2015年の0〜14才の人口は何万人減りましたか。

(3)　0〜14才の人口をもとにした65才以上の人口の割合は2000年から2015年にかけてどれだけ変化しましたか。

年代別人口の割合の変化
0% 20% 40% 60% 80% 100%　総人口(万人)

年	0〜14才	15〜64才	65才以上	総人口
2000年	15%	67%	18%	12600
2005年	14%	66%	20%	12700
2010年	13%	64%	23%	12600
2015年	13%	61%	26%	12500

■0〜14才　□15〜64才　■65才以上

チャレンジテスト③

1 次の問いに答えましょう。　[各10点…合計30点]

(1)　定価の45%引きのセーターを買って，2420円はらいました。セーターの定価はいくらでしょう。

(2)　1500円で仕入れた品物に，4割の利益をみこんで定価をつけましたが，売れ残ったので定価の2割引きで売りました。そのときの利益は仕入れねの何割何分でしょう。

(3)　仕入れね100円の品物1000個に，2割増しの定価をつけて売りました。ちょうど半分売れたあと，残りの品物を定価の1割引きで売りました。利益はいくらですか。

2 ある中学校の女子の生徒数は男子よりも24人多く，女子の数は全校生徒数の55%です。全校生徒数を求めましょう。　[10点]

3 濃度が12%の食塩水が150gあります。次の問いに答えましょう。[各10点…合計30点]

(1)　90gの水を加えると，何%の食塩水になりますか。

(2)　もとの食塩水から50gの水をじょう発させると，何%の食塩水になりますか。

(3)　もとの食塩水に10gの食塩を加えると，何%の食塩水になりますか。

4 右の円グラフは，ある中学校の全生徒の男女別の人数を表しています。全生徒の30%は市外に住んでいて，女子の80%は市内に住んでいます。　[各10点…合計30点]

(1)　市内に住んでいる女子は全生徒の何%かを求めましょう。

(2)　市外に住んでいる男子は全生徒の何%かを求めましょう。

(3)　市外に住んでいる男子を253人とするとき，全生徒数を求めましょう。

教科書のまとめ

☆ 円

▶ 円　周…円のまわり。

▶ 円周率…円周の長さが，直径の長さの何倍かを表す数。約3.14

▶ 円周率＝円周÷直径＝3.14

　円周＝直径×3.14

　　　＝半径×2×3.14

　直径＝円周÷3.14

☆ おうぎ形

▶ おうぎ形…円を2つの半径で切り取った形。

中心角

▶ 中心角…2つの半径の間の角。

▶ 半　円…中心角が180°のおうぎ形。

▶ おうぎ形の曲線部分の長さは，中心角の大きさから，同じ半径の円周のどれだけかを考えて求める。

5cm

$5 \times 2 \times 3.14 \div 2$

5cm

$5 \times 2 \times 3.14 \div 4$

☆ 正多角形

▶ 多角形…直線だけで囲まれた形。

▶ 正多角形…辺の長さが等しく，角の大きさもみな等しい多角形。

▶ 正多角形は，円の中心のまわりの角を等分してかくことができる。

正五角形　　　　　　正六角形

1 円と正多角形

問題 1 円周

1辺が8mの正方形の形をした土地に，円形の花だんをつくります。

(1) いちばん大きな花だんの直径は，何mになるでしょう。

(2) (1)のとき，花だんの周囲の長さを求めましょう。

●円周…円のまわり

●円周率…円周の長さが，直径の長さの何倍になっているかを表す数

●円周率
＝円周の長さ÷直径
＝3.14

 考え方

(1) 正方形の1辺の長さと等しい直径の円が，いちばん大きい円です。

答 8m

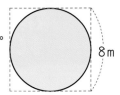

(2) 直径8mの円の円周の長さを求めます。
円周＝直径×3.14 ですから
8×3.14＝25.12(m)

答 25.12m

問題 2 おうぎ形の曲線部分の長さ

下の図の曲線部分の長さを求めましょう。また，(2)については，まわりの長さも求めましょう。

(1)
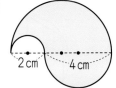

(2)
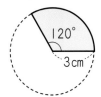

コーチ

●おうぎ形…円を2つの半径で切り取った形。

●中心角…おうぎ形の2本の半径ではさまれた角。

●おうぎ形の曲線部分の長さは同じ半径の円周のどれだけかから考える。

 考え方

(1) 半円の曲線部分は円周の半分です。直径が2＋4＝6(cm)，2cm，4cmの半円の曲線部分を合わせて

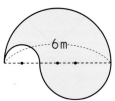

6×3.14÷2＋2×3.14÷2
＋4×3.14÷2
＝(6÷2＋2÷2＋4÷2)×3.14 ←3.14はまとめてかける。
＝(3＋1＋2)×3.14＝6×3.14＝18.84(cm)…**答**

(2) 中心角が120°なので，曲線部分は円周の長さの$\frac{120}{360}=\frac{1}{3}$です。 したがって

3×2×3.14÷3＝6.28 **答** 6.28cm

まわりの長さには直線部分(半径2か所)も加えて
6.28＋6＝12.28 **答** 12.28cm

(2)のまわりの長さは直線部分も考えます。

**たいせつ
ポイント** 多角形は円の中心のまわりを 3 等分，4 等分，…してかくことができる。
円周＝直径 × 3.14

問題 3 正多角形

 コーチ

円周を右の図のように 5 等分して，正五
角形をかきました。

(1) 角⑦は何度でしょう。

(2) 角④は何度でしょう。

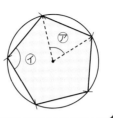

●多角形…直線だけで
囲まれた図形。

●正多角形…多角形の
うち，すべての辺の長
さが等しく，また，す
べての角の大きさの等
しいもの。

考え方 正五角形とは，5 つの辺の長さがすべて等しく，5 つ
の角の大きさがすべて等しい五角形のことです。

(1) 正五角形の頂点と円の中心を
結ぶと，5 つの合同な三角形ができます。で
すから，円の中心のところにできる角はすべ
て等しくなります。

$360° ÷ 5 ＝ 72°$

答 72°

(2) 頂点と円の中心を結んでできる 5 つの三角
形は，どれも 2 つの辺が円の半径で長さが等しいので，**二等辺三
角形**となります。ですから，⑦は $(180° － 72°) ÷ 2 ＝ 54°$
㋐も同じなので，④は $54° ＋ 54° ＝ 108°$

答 108°

●正多角形のかき方
①図の⑦の部分の角度
を求める。

$360° ÷ (辺の数)$

②円の中心に①の角を
とり，円周との交点を
とり，となり合う 2
つの交点とのきょりを
1 辺とする。この長さ
をコンパスで円周上に
とり，頂点を決める。

問題 4 円周の長さと比例

 コーチ

円の直径と円周の長さの関係を考えます。

(1) 表の空らんをうめましょう。

直 径 （□ cm）	1	2	3	4	5
円周の長さ（○ cm）					

(2) □と○の関係を式で表しましょう。

●○が□に比例すると
き，□が 2 倍，3 倍，
…となると，○も 2 倍，
3 倍，…となる。円周
の長さは直径の長さに
比例する。

●直径＝半径 × 2 な
ので半径を△ cm とす
ると，円周○ cm に対
し

$○ ＝ △ × 2 × 3.14$
$　 ＝ △ × 6.28$

となり，半径の長さも
円周の長さに比例する。

考え方 円周＝直径 × 3.14 なので，直径の長さが 2 倍，3 倍，
…となるごとに，円周の長さも 2 倍，3 倍，…となります。
ですから，**円周の長さは直径の長さに比例する**といいます。

(1) 円周＝直径 × 3.14 にあてはめて考えます。

答

直 径 （□ cm）	1	2	3	4	5
円周の長さ（○ cm）	3.14	6.28	9.42	12.56	15.7

(2) 表より，次の式が成り立ちます。○＝3.14 × □ …**答**

確認テスト①

答え → 別冊32ページ

時間**30**分　合格点**70**点

得点 ／100

1 〔周の長さを求める〕
次の図の色のついた部分のまわりの長さを求めましょう。円周率は3.14とします。

[各10点…合計40点]

(1)

.3cm　5cm

(2)

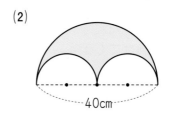

40cm

(3)

1cm　1cm

(4)

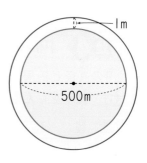

12cm

2 〔円周の長さを求める〕
直径が500mの円の形をしたジョギングコースの，1m外側の赤いコースを1周すると，内側の青いコースを1周するより何m長く走りますか。円周率を3.14として求めましょう。

[20点]

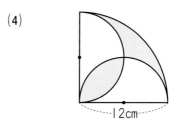

1m

500m

3 〔半径を求める〕
桜の木の幹のまわりをまきじゃくではかったら，75.36cmありました。

円周率を3.14として，この木の半径を求めましょう。

[20点]

4 〔車輪の回転数を求める〕
車輪の直径が50cmの一輪車があります。この一輪車で200mのトラックを1周すると，車輪は約何回転しますか。円周率を3として，答えは一の位までのがい数にして求めましょう。

[20点]

確認テスト②

1 〔円やおうぎ形のまわりの長さ〕
次の(1)から(4)の図形について，まわりの長さを求めましょう。　　　　［各10点…合計40点］

(1)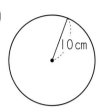
10 cm

(2)
8 cm

(3)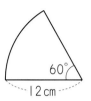
60°
12 cm

(4)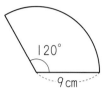
120°
9 cm

2 〔円と正多角形〕
　右の図は，円の中心のまわりの角を等分して正多角形をかいたものです。　　　　　　　　　　　　　　［合計30点］

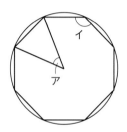
イ
ア

(1) 正多角形の名前を答えましょう。（4点）

(2) 角アは何度ですか。（8点）

(3) 角イは何度ですか。（8点）

(4) この正多角形の頂点のところにできるすべての角の和は何度ですか。（10点）

3 〔多角形の角〕
　1つの角の大きさが次の角度である正多角形はどんな正多角形でしょう。
名前を答えましょう。　　　　　　　　　　　　　　　　［各10点…合計30点］

(1) 60°　　　　　　(2) 108°　　　　　　(3) 160°

チャレンジテスト①

1 次の(1)から(4)の図形について，色のついた部分のまわりの長さをそれぞれ求めましょう。ただし，四角形はどれも正方形です。　[各15点…計60点]

(1)

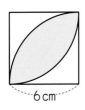

6cm

(2)

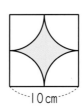

10cm

(3)

12cm

(4)

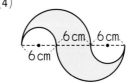

6cm　6cm

6cm

2 右の図は，正八角形です。アの角度を答えましょう。　[20点]

3 右の図は，円の内側に正方形が，その頂点が円周上にあるように入っているものです。円周の長さが31.4cmのとき，この正方形の面積を求めましょう。　[20点]

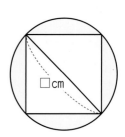

□cm

チャレンジテスト②

答え→別冊34ページ

1 次の(1)から(3)の図形について，色のついた部分のまわりの長さを求めましょう。

[各15点…合計45点]

(1)
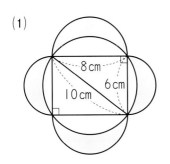

(2)
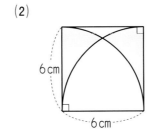

(3)
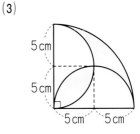

2 次の問いに答えましょう。　　　　[各15点…合計30点]

(1)　1辺が1cmの正五角形の頂点を中心として，右の図のように円をかいたときにできるおうぎ形を合わせたもの（色の部分）のまわりの長さは何cmですか。

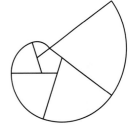

(2)　右の図では，正八角形と正方形が重なっています。この2つの図形の面積の差が90cm²であるとき，色の部分の面積を求めましょう。

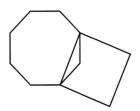

3　1辺6cmの正三角形のまわりを1辺3cmの正三角形がすべることなく転がって1周します。点Aが通ったあとの線の長さは何cmですか。　　　　[25点]

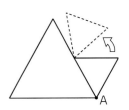

チャレンジテスト③

答え➡別冊35ページ

時間30分　合格点60点　得点／100

1 右の図は，AB＝7cm，BC＝8cm，AC＝4cm の三角形 ABC を，点 C を中心として右まわりに135°回転させ，三角形 A′B′C の位置まで動いたことを表したものです。色の部分のまわりの長さを求めましょう。

[25点]

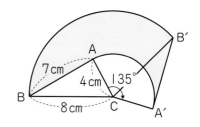

2 右の図のように正方形が2つあり，小さい正方形の中に円があります。色の部分のまわりの長さを求めましょう。

[25点]

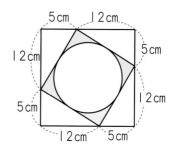

3 図のように1辺30cm の正方形13まいをすき間なくしきつめて，外側をわくで囲った図形があります。いま，円がこの図形の内側を周にそってもとの位置まで転がります。このとき，次の問いに答えましょう。

[各25点…合計50点]

(1) 右の図のように，直径15cm の円が転がるとき，円の中心がえがく線の長さを求めましょう。

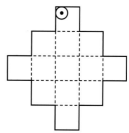

(2) 右の図のように，直径60cm の円が転がるとき，円の中心がえがく線の長さを求めましょう。

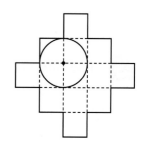

12 角柱と円柱

★ 角柱

▶ 次のような立体を角柱という。

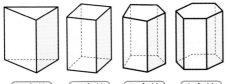

三角柱　四角柱　五角柱　六角柱

▶ 角柱で，底面が三角形，四角形，五角形，…のものを，それぞれ**三角柱，四角柱，五角柱，**…という。

▶ **角柱の特ちょう**

❶ 底面は，合同な多角形で平行。

❷ 側面は長方形で底面に垂直。

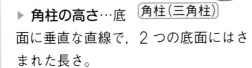

底面
側面
底面
角柱（三角柱）

▶ **角柱の高さ**…底面に垂直な直線で，2つの底面にはさまれた長さ。

★ 円柱

▶ 右のような立体を，円柱という。

▶ 円柱の特ちょう

❶ 2つの底面は，合同な円で平行。

❷ 側面は曲面。

底面
側面
底面
円柱

▶ **円柱の高さ**…底面に垂直な直線で，2つの底面にはさまれた長さ。

★ 角柱と円柱の見取図と展開図

▶ 角柱と円柱の見取図と展開図は次のようになる。

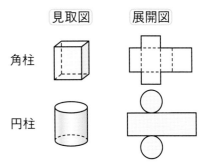

見取図　展開図

角柱

円柱

1 角柱・円柱と展開図

問題1 角柱の面，頂点，辺の数

下の立体について，側面，底面，頂点，辺の数を調べましょう。

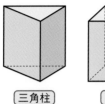
三角柱

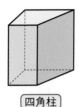
四角柱

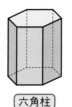
六角柱

円 柱

考え方

底面がそれぞれ三角形，四角形，六角形，円であることから考えます。角柱では，側面の数は，底面の辺の数と同じで，頂点の数は底面の辺の数の2倍，辺の数は底面の辺の数の3倍になっています。円柱には頂点や辺はありません。　**答** 右の表。

	側面	底面	頂点	辺
三角柱	3	2	6	9
四角柱	4	2	8	12
六角柱	6	2	12	18
円 柱	1	2	0	0

コーチ

●角柱とは，合同な2つの多角形（底面）と，それに垂直な長方形の面（側面）とで囲まれてできる立体のことである。

●円柱とは，合同な2つの円（底面）と，長方形をまるめた面（側面）とで囲まれてできる立体である。

●角柱でも円柱でも，2つの底面は平行になっている。

問題2 角柱・円柱の展開図

次のような立体の展開図をかきましょう。

(1) 底面が1辺4cmの正三角形で高さ8cmの三角柱

(2) 底面の半径が2cmで高さ7cmの円柱

考え方

三角柱の側面，円柱の側面を切り開いて考えます。

(2) 円柱の側面の展開図は長方形になり，1辺の長さは，底面の円周の長さに等しく，もう1辺の長さは円柱の高さに等しくなります。

(1)
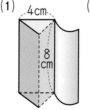
4cm
8cm

(2)
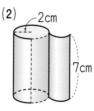
2cm
7cm

コーチ

●角柱の展開図では，側面をまとめて，1つの長方形にかくことができる。

●円柱の側面は，底面に垂直な直線で切り開くと1つの長方形になる。長方形の1辺の長さは，底面の円の円周の長さに等しく，もう1辺の長さは円柱の高さに等しい。

答 右の図

(1)
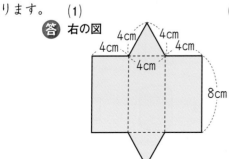
4cm 4cm
4cm 4cm
4cm
8cm

(2)
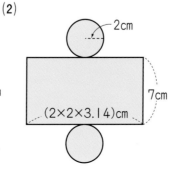
2cm
(2×2×3.14)cm
7cm

たいせつポイント　角柱の底面は，三角形，四角形，五角形，六角形，…など多角形で，側面は長方形。円柱の底面は円で，側面は曲面である。

コーチ
●展開図で平行や垂直である面や辺を考えるとき，見取図をかくと考えやすい。

問題3 角柱の展開図

右の図の展開図を組み立てて三角柱を作った立体について，次の問いに答えましょう。

(1) 辺ABと平行な辺はどれですか。

(2) あの面に垂直な面はどれですか。

(3) いの面に平行な面はどれですか。

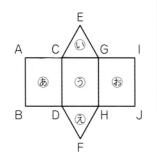

考え方　見取図をかいて考えます。

(1) 見取図で，底面を結ぶ辺で，あと2つあります。辺IJ，辺EFは辺ABと重なる，同じ辺なので平行とはいいません。　答 辺CD，辺GH

(2) 底面で，2つあります。　答 面い，面え

(3) 見取図で，いの面と向かい合っている面です。　答 面え

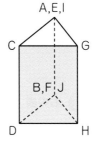
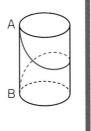

問題4 円柱の展開図

右の円柱で，A，Bは底面上の点で，AとBを結ぶと底面に垂直になります。AからBまで側面上を通っていちばん短くなるように線をひくとき，線は展開図上ではどのようになりますか。展開図をかき，できる線をかき入れましょう。

コーチ
●最短きょりは展開図上では直線となる。

考え方　展開図は右のようになります。Aと(A)，Bと(B)は重なる点なので図の赤い線になります。　答 右の図

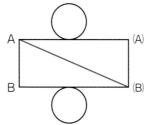

確認テスト①

得点 ／100

①〔角柱の辺，面，頂点〕

三角柱，四角柱，五角柱，六角柱
の辺，面，頂点の数を調べます。
右の表のあ〜くに数を入れましょう。

[各3点…合計24点]

	三角柱	四角柱	五角柱	六角柱
面の数	あ	う	7	き
辺の数	い	12	お	く
頂点の数	6	え	か	12

②〔角柱の展開図〕

右の展開図について答えましょう。ただし，CD
とEFは平行です。　　　　[各9点…合計36点]

(1)　何という立体ができますか。

(2)　この立体の高さは何cmですか。

(3)　面えと平行な面はどれですか。

(4)　辺ABの長さを求めましょう。

（展開図：7cm, 4cm, 4.5cm, 6cm, 12cm。面あ、い、う、え、お、か。頂点A, B, C, D, E, F）

③〔展開図をかく〕

次の展開図をノートにかきましょう。　　　　[各10点…合計20点]

(1)　底面が正六角形で，底面のまわりの長さが18cm，高さが7cmの六角柱

(2)　底面の直径が15cm，高さが10cmの円柱

④〔立体を作る〕

右のような厚紙がそれ
ぞれ4まいずつあります。
これらの厚紙を使ってでき
る角柱を，すべて答えまし
ょう。ただし，厚紙1まい
で1面を作るものとしま
す。　　　　　　　　[20点]

正方形　3cm × 3cm

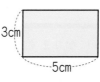
長方形　3cm × 5cm

正三角形　3cm, 3cm, 3cm

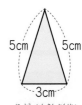
二等辺三角形　5cm, 5cm, 3cm

確認テスト②

① 〔展開図〕

右の図のような展開図を組み立てて，立体を作ります。底面の辺の長さがすべて等しいとき，次の問いに答えましょう。

[各12点…合計60点]

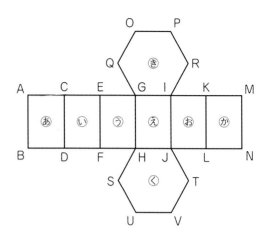

(1) 組み立てると，どんな形ができるでしょう。

(2) 面㋐に平行な面はどれでしょう。

(3) 面㋒に垂直な面をすべて答えましょう。

(4) 辺 EG と重なる辺はどれでしょう。

(5) 辺 OP と垂直に交わる辺はどれでしょう。

② 〔円柱と最短きょり〕

右の円柱で，A，Bは底面上の点で，AとBを結ぶと底面に垂直になります。AからBまで側面上を通っていちばん短く2周まわるように線をひくとき，線は展開図上ではどのようになりますか。ただし下の展開図上の点PはAとBのまん中の点とします。　[20点]

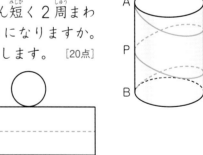

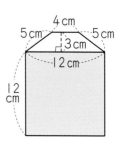

③ 〔展開図と面積〕

右の図のような，四角柱の表面全体の面積を求めましょう。ただし，底面は台形です。　[20点]

4 cm
5 cm　5 cm
3 cm
12 cm
12 cm

1 右の図のような正六角柱があります。この立体を図のように，赤い線のところで切り，また，もとの形にくっつけました。 [各10点…合計40点]

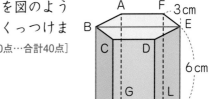

(1) 辺FEに平行な辺を答えましょう。

(2) BEに垂直に交わる辺を答えましょう。

(3) くっつけた面BHKEは，どんな四角形でしょう。

(4) くっつけた面BHKEに垂直な面は，どれでしょう。

2 立方体の展開図について，次の問いに答えましょう。 [各15点…合計30点]

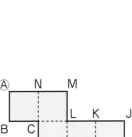

(1) 右の展開図を組み立てたとき，頂点Ⓐと重なる頂点はどれでしょう。B〜Nの中からすべて選び，記号で答えましょう。

(2) 下の展開図を組み立てたとき，立方体ができないものを，①〜⑥からすべて選び，記号で答えましょう。

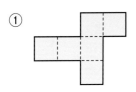

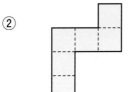

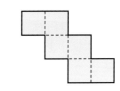

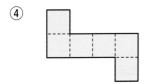

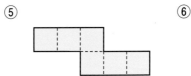

3 右の図は立方体の見取図とその展開図です。 [合計30点]

(1) 展開図の①と②は，それぞれA〜Hのどの頂点と重なりますか。 (各10点)

(2) 見取図のBとGを図のように結びました。展開図にその線をかきましょう。 (10点)

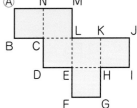

チャレンジテスト②

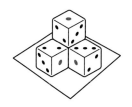

1 4つのさいころを，右の図のように，同じ目の数を合わせてつくえの上に積み上げました。まわりから見えるさいころの面の目の数をすべて加えるといくらになるでしょう。ただし，さいころは向かい合う面の目の数の和が7になっています。　　　　　　　　　　　　　　　　　　　　[20点]

2 右の図のように1辺が3cmの立方体の側面に順序正しく「さんすう」と書いてあります。次の問いに答えましょう。　　　　[合計60点]

(1) 下の展開図を組み立てたとき，右の立方体になるように残りの文字を書き入れましょう。　　　　　　　　　　　　　　　　　　　（各15点）

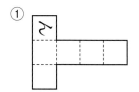　　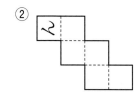

(2) ①，②の展開図をセロハンテープで組み立てていくとすると，それぞれ何cm必要ですか。ただし，セロハンテープは重なり合う辺の長さ分だけ使います。　　（各15点）

3 同じ大きさの白い小さな立方体を27個組み合わせて大きな立方体を作り，表面に赤い色をつけました。このとき，小さな立方体の展開図として正しくないものをすべて選び，記号で答えましょう。　　　　　　　　　　　　　　　　　　　　　　　　[20点]

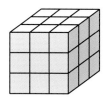

(ア)　　　　　　　　(イ)　　　　　　　　(ウ)

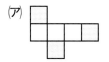　　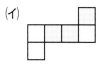　　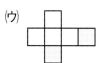

(エ)　　　　　　　　(オ)　　　　　　　　(カ)

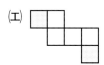　　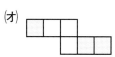　　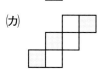

チャレンジテスト③

時間**40**分　合格点**50**点　得点／100

1 右のような立方体があります。この3つの頂点A，C，Fを線で結ぶとき，その線を展開図に記入しましょう。 [25点]

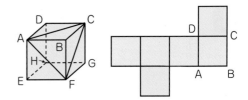

2 図1のように，2つの面に文字の入った立方体があります。ゆきなさんは図1の赤線で示した部分を切れば，展開図ができることに気がつきました。2つの文字の入った面が図2のようになるとして，残りの面がどこにあるか，その場所をぬりつぶして，展開図を完成させましょう。 [25点]

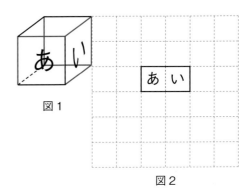

図1

図2

3 立方体 ABCD-EFGH があります。いま，図1のように辺 AB のまん中の点Lと，辺 AD のまん中の点Mと，辺 AE のまん中の点Nをとり，この3点を通る平面で立方体の角を切り落とします。同様のことを他の7つの角で行うと，図2のような立体ができました。このとき，次の問いに答えましょう。 [合計50点]

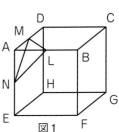

図1

(1) 図2の立体の頂点の個数と，辺の数をそれぞれ答えましょう。 （各10点）

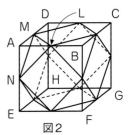

図2

(2) 図2の立体の展開図をかこうとしています。右の図にたりない面をすべて付け加えましょう。 （30点）

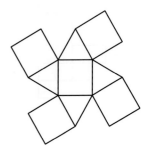

13 問題の考え方

★ 表を利用して解く問題

▶ **変わり方のきまり**を見つけるには，表を作って考えるとよい。

例 1個150円のケーキと，1個80円のプリンを合わせて20個買う場合の代金の変わり方は，

ケーキ(個)	1	2	3	4
プリン(個)	19	18	17	16
代　金(円)	1670	1740	1810	1880

+70円　+70円　+70円

この表から，**買うケーキの個数が1個増えるごとに，代金が70円ずつ増える**ことがわかる。

★ 割合を使って解く問題

▶ 問題で表されている関係を**線分図**で表すと，割合の関係がわかりやすい。

例 150人のうちの40%，そのうちの70%を図に表すと，次の通り。

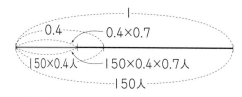

▶ **全体を1とする**

例 家から学校まで歩いて15分かかるとき，家から学校までの道のりを1とすると，1分間に歩くことのできる道のりを全体の$\frac{1}{15}$と考えて解くことができる。

▶ **比べられる量＝もとにする量×割合**
　もとにする量＝比べられる量÷割合

1 表を使って

問題1　ちょうどよい場合を見つける

1箱3個入りのケーキと2個入りのケーキを売っています。全部でケーキを19個買うには、それぞれ何箱ずつ買えばよいでしょう。

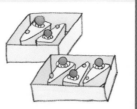

コーチ

●何通りかの場合の中からちょうどよい場合を見つけるときも、表を使うとわかりやすい。

●どこから調べ始めるとかん単かにも注意する。
左の問題で、2個入りのケーキの数で調べると、9通り調べなければならない。

考え方
3個入りの箱だけを買うと　$19 \div 3 = 6$ あまり1
2個入りの箱だけを買うと　$19 \div 2 = 9$ あまり1
3個入りの箱を6, 5, 4, …と変えていくと、2個入りの箱が何箱でケーキが19個になるかを表にして調べます。

3個入りの箱の数（箱）	6	5	4	3	2	1	0
残りのケーキの数（個）	1	4	7	10	13	16	19
2個入りの箱の数（箱）	×	2	×	5	×	8	×

上の表の赤色をつけた組が、ちょうど19個になる場合です。

答 上の表の3通り

問題2　きまりを見つけて

1個30円のあめと1個50円のあめを合わせて15個買って、630円はらいました。
それぞれ何個買ったでしょう。

コーチ

●答えの確かめ
　$30 \times 6 + 50 \times 9$
　$= 630$ ←正しい

変わり方のきまりが見つかれば、表は最後まで書かなくてもいいよ。

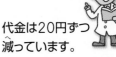

考え方
50円のあめを15個買ったとすると、
　$50 \times 15 = 750$（円）
30円のあめの数を1個ずつ増やしていくと、代金がどのように変わっていくかを表にして調べます。

30円のあめ（個）	0	1	2	3	
50円のあめ（個）	15	14	13	12	
代金　　（円）	750	730	710	690	

　　　　　　　　　　　　　-20　-20　-20

代金は20円ずつ減っています。

$(750 - 630) \div 20 = 6$（個）…30円のあめの数
$15 - 6 = 9$（個）…50円のあめの数

答 30円のあめ…6個、50円のあめ…9個

確認テスト

答え→別冊40ページ

時間**30**分　合格点**70**点

得点　／**100**

①〔ちょうどよい場合を見つける〕

　1まいが100円と130円の2種類のカードを，100円のカードの方が130円のカードよりも4まい多くなるように買いました。　　　　　　［各15点…合計30点］

(1)　表の空らんにあてはまる数を入れましょう。

130円のまい数（まい）	1	2	3	4	5	6
100円のまい数（まい）	5					
合計金額（円）	630					

(2)　代金の合計が1550円のとき，100円のカードは，何まい買ったのでしょう。

②〔ちょうどよい場合を見つける〕

　1500円もってゼリーを買いに行きます。　　　　　　　　　　　　　　　［各15点…合計30点］

(1)　1個200円のゼリーをまとめて買います。いちばん多くて何個買えるでしょう。

(2)　1個200円のゼリーと1個150円のゼリーを何個かずつ買うと1500円ちょうどになりました。下の表を完成させて，それぞれ何個ずつ買ったか求めましょう。

200円のゼリー（個）	7	6	5	4	3	2	1
残ったお金（円）	100						
150円のゼリー（個）	×						

③〔きまりをみつけて〕

　あすかさんは，1個40円とキャンディと1個30円のラムネをどちらも必ず1個は買うようにして，合わせて何個か買います。　　　　　　　　　　　　　　［合計40点］

(1)　500円でできるだけたくさん買います。キャンディの個数を表のように決めたとき，買えるラムネの個数と合計金額を求め，表の空らんに数を入れましょう。　（10点）

キャンディの個数（個）	1	2	3	4	5	6
買えるラムネの個数（個）						
合計金額（円）						

(2)　合計金額が500円ちょうどになるように買います。キャンディとラムネを合わせて，いちばん個数の多い買い方をする場合，キャンディとラムネはそれぞれ何個ずつ買えばいいですか。　（15点）

(3)　合計が500円になる買い方は，(2)の他にあと3通りあります。キャンディとラムネをそれぞれ何個ずつ買ったときでしょう。3通りすべて答えましょう。　（15点）

② 比例の関係

問題 1 比例の関係

底辺の長さが8cmの平行四辺形があります。高さを1cm,2cm,…と変えていきます。次の問いに答えましょう。

(1) 表の空らんをうめましょう。

高さ(□ cm)	1	2	3	4	
面積(○ cm²)					

(2) 高さを□ cm,面積を○ cm² するとき,□と○の関係を式で表しましょう。

平行四辺形の面積の公式により,**面積＝底辺×高さ**となります。

(1)

高さ(□ cm)	1	2	3	4
面積(○ cm²)	8	16	24	32

(2) 表から□と○の関係を読み取ります。   **答** ○＝8×□

●ともなって変わる2つの量があって,一方を2倍,3倍,…とするとき,それにともなってもう一方も2倍,3倍,…となるとき,2つの量は比例するという。

●○が□に比例するとき,○が2倍,3倍,…になると,□もそれにともなって2倍,3倍,…になるので,□も○に比例している。

問題 2 比例のグラフ

次の表は,1cmが5gのはり金の長さと重さの関係を表したものです。長さと重さの関係をグラフにかきましょう。

長さ(□ cm)	1	2	3	4
重さ(○ g)	5	10	15	20

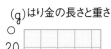

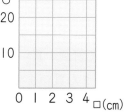

まず,表の4つの点をグラフ上にとり,順に点をつないでいきます。すると,0を通る直線になります。

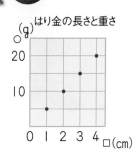 →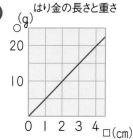

●比例のグラフは0を通る直線になる。たとえば,グラフが下のようになっているときは,0を通らないので2つの数量の関係は比例ではない。

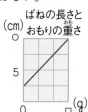
ばねの長さとおもりの重さ

1〔比例の関係を読み取る〕
下の㋐～㋑について，○が□に比例するものを選び，記号で答えましょう。 [15点]

㋐　□が3増えると，○は3倍になる　　㋑　□が3倍になると，○は3増える

㋒　□が3倍になると，○も3倍になる　　㋓　□が$\frac{1}{10}$になると，○も$\frac{1}{10}$になる

㋔　面積20cm²の三角形で，底辺の長さが□cm，高さが○cm

㋕　1個300gのりんごを20gのかごに入れたとき，りんご□個のときのかごごとの重さ○g

2〔比例の関係〕
底面のたてが2cm，横が5cmの直方体の形をした水そうに水を入れたときの水の量と深さの関係を考えます。 [各15点… 合計45点]

(1) 表の空らんにあてはまる数を入れましょう。

深さ(cm)	1	2	3	4	5
水の量(cm³)					

深さと水の量

(2) 深さを□cm，水の量を○cm³として，□と○の関係を式で表しましょう。

(3) 深さと水の量の関係を右のグラフに表しましょう。

3〔比例する2つの量〕
次の表は，比例する□と○の関係を表したものです。あいているところにあてはまる数を入れましょう。 [各10点…合計20点]

(1)

□	1	2	3	4
○		16		

(2)

□	4	8	12	28
○		12		

4〔比例とグラフ〕
さやかさんが，鉄のぼうの長さと重さを調べたところ，右のグラフのようになりました。 [各10点… 合計20点]

(1) このぼう1gあたりの長さは何cmでしょう。

(2) このぼう24cmのときの重さは何gでしょう。

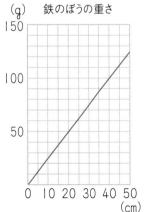

鉄のぼうの重さ

3 変わり方

コーチ

●一方を順に変えていくと，もう一方の数がどのように変わるかを表にして調べる。

●三角形を□個，マッチぼうを○本とすると，
○＝3＋2×（□－1）
または，○は□の2倍より1大きいものだから，○＝□×2＋1

●マッチぼう21本のときの個数は
21＝□×2＋1
21－1＝□×2
20＝□×2
□＝20÷2＝10
としてもよい。

問題 1 きまりをみつけて

次のようにマッチぼうを使って三角形を増やしていきます。次の問いに答えましょう。

(1) 表の空らんをうめましょう。

三角形の個数(個)	1	2	3	4	5	6
マッチぼうの本数(本)						

(2) 使ったマッチぼうの本数が21本のとき，できた三角形の個数は何個でしょうか。

考え方

1個目の三角形を作るには，3本のマッチぼうが必要ですが，2個目よりあとは，1個の三角形を作るごとに，2本ずつマッチぼうを増やすことに着目します。

(1) **答**

三角形の個数(個)	1	2	3	4	5	6
マッチぼうの本数(本)	3	5	7	9	11	13

(2) 21本のマッチぼうを使うときは，(21－13)÷2＝4より，表の6個目の三角形よりさらに4個の三角形を増やしたときだから
6＋4＝10

答 10個

コーチ

●変わり方のきまりは，表から見つけ，計算で求めることもできる。
貯金額は，あおいさんの方が1か月に70円だけみずきさんより多いので，はじめの貯金額の差
800－400＝400
(円) は，
400÷70＝5.7…
より，6か月後にあおいさんの貯金額がみずきさんの貯金額をこす。
5か月後ではまだこしていないことに注意。

問題 2 金額の問題

あおいさんは 400円，みずきさんは800円の貯金をもっていて，来月からあおいさんは 300円，みずきさんは230円ずつ毎月貯金をします。

(1) 2人の貯金額について，表の空らんをうめましょう。

○か月後	今	1	2	3	4	5
あおい(円)	400					
みずき(円)	800					

(2) あおいさんの貯金額が，みずきさんより多くなるのは何か月後でしょうか。

(1) **答**

○か月後	今	1	2	3	4	5
あおい(円)	400	700	1000	1300	1600	1900
みずき(円)	800	1030	1260	1490	1720	1950

(2) 表のつづきをかくと，6か月後にこします。　**答** 6か月後

確認テスト

答え→別冊41ページ

時間**30**分　合格点**70**点　　得点／**100**

① 〔きまりを見つける〕
　右の図のように，1辺の長さが1cmの
正方形の色板をならべます。　　[合計40点]

1cm □ → □□□ → □□□□□

(1) 下の表は，ならべた色板のまい数とまわりの長さについてまとめたものです。表の空らんをうめましょう。　　(10点)

色板のまい数(まい)	1	2	3	4	5	
まわりの長さ(cm)						

(2) 色板を8まいならべたとき，まわりの長さは何cmになるでしょう。　　(10点)

(3) まわりの長さが30cmのとき，色板は何まい使ったのでしょう。　　(20点)

② 〔きまりを見つける〕
　つよしさんは，去年1500円貯金して，今年の1月からは毎月350円ずつ貯金しています。お姉さんは，今年の1月から毎月600円ずつ貯金を始めました。

[各10点…合計30点]

(1) 右の表の空らんをうめましょう。

(2) 2人の貯金の金額が等しくなるのは何月でしょう。

	去年	1月	2月	3月	4月	
つよし (円)	1500	1850	2200	2550		
姉 (円)	0	600	1200			
差 (円)	1500	1250				
合計 (円)	1500	2450				

(3) 2人の貯金の合計が11000円になるのは何月でしょう。

③ 〔きまりを見つける〕
　高さが10cmと12cmの箱が合わせて15個あります。全部の箱を積み重ねると，高さが164cmになりました。それぞれ何個ずつ積み重ねたかを求めるために，次のような表をかきました。

[各10点…合計30点]

12cmの箱(個)	0	1	2	3	
10cmの箱(個)	15				
高さ　(cm)					

(1) 右の表の空らんをうめましょう。

(2) 12cmの箱を1個ずつ増やしていくと，高さはどのように変わりますか。

(3) それぞれの箱を何個ずつ積み重ねたでしょう。

チャレンジテスト①

答え → 別冊42ページ

1 りょうさんとおじさんは同じたん生日で，今，りょうさんは7才で，おじさんは52才だそうです。今から何年後かにりょうさんの年令の4倍がおじさんの年令になるそうです。

[各15点…合計30点]

(1) 表の空らんをうめましょう。

年後	今	1	2	3	4
おじさんの年令(才)	52				
りょうさんの年令(才)	7				
りょうさんの年令の4倍(才)					
おじさんの年令－りょうさんの年令の4倍(才)					

(2) おじさんの年令がりょうさんの4倍になるのは何年後でしょう。表から考えて答えましょう。

2 A，B2つの水そうがあり，Aの水そうには10Lの水が入っていて，Bの水そうは空です。Aの水そうには1分間に5L，Bの水そうには1分間に7Lの水を入れていきます。次の問いに答えましょう。

[各15点…合計30点]

(1) 表の空らんをうめましょう。

分後	はじめ	1	2	3	4
水そうAの水の量(L)	10				
水そうBの水の量(L)	0				
Aの水の量－Bの水の量(L)					

(2) 水の量が等しくなるのは何分後でしょう。

3 図のように，ご石を正方形の形で2列にならべます。

[各20点…合計40点]

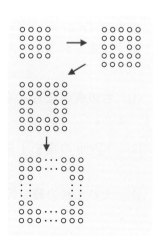

(1) 正方形の外側の1辺にならぶ個数と，全体の個数について表を作りました。空らんをうめましょう。

外側の1辺の個数(個)	4	5	6	7	8
全体の個数(個)	16	24			

(2) いちばん外側のまわりにある個数が100個であるときの全部のご石の個数は何個ですか。

チャレンジテスト②

1 図のような水そうがあります。水そうの中には高さ 20cm の直方体のしきりがあり，⑦と⑦の部分に分けています。水道 A からは 1 分間に 4dL の水を入れることができ，はい水口 B からは 1 分間に 2dL の水を水そうから出すことができます。いま，水そうは空で，水道 A とはい水口 B は閉じています。次の問いに答えましょう。 ［合計70点］

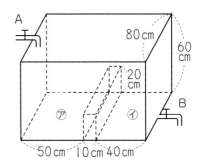

(1) この水そうには何 L の水が入りますか。 （10点）

(2) 水を入れ始めてからの時間と深さの関係について下の表をうめ，右のグラフに表しましょう。 （各10点）

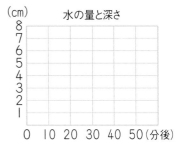

水の量と深さ

時間（分後）	10	20	30	40	50	
深さ（cm）						

(3) ⑦の部分がいっぱいになるのは，水道 A を開いてから何分後でしょう。 （20点）

(4) ⑦の部分がいっぱいになったあと，はい水口 B を開きます。水そうが水でいっぱいになるのは，はい水口 B を開いてから何時間何分後でしょう。 （20点）

2 1 さつのねだんが 140 円のノートと 120 円のノートを合わせて 20 さつ買います。次の問いに答えましょう。 ［合計30点］

(1) 下の表のあいているところをうめましょう。 （15点）

140 円のノートのさつ数（さつ）	1	2	3	4	5
120 円のノートのさつ数（さつ）					
代金（円）					

(2) 代金が 2560 円のとき，140 円のノートは何さつ買ったでしょう。 （15点）

1 同じ長さのぼうを使って，下の図のように偶数個の正方形を 2, 4, 6, 8, 10, … と作っていきます。次の問いに答えましょう。　[合計40点]

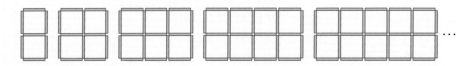

(1) 正方形の個数と，使うぼうの本数について，表の空らんをうめましょう。　(10点)

正方形の個数(個)	2	4	6	8	10	12
ぼうの本数(本)						

(2) 正方形を 16 個作るには，ぼうは何本必要ですか。　(15点)

(3) ぼうが 92 本で，正方形はいくつできますか。　(15点)

2 自動車 A は 6L のガソリンで 72km のきょりを走り，自動車 B は 4L のガソリンで 40km のきょりを走ります。次の問いに答えましょう。　[合計60点]

(1) 使ったガソリンと走ったきょりの関係について，それぞれの車について表の空らんをうめましょう。　(各10点)

自動車 A

ガソリンの量(L)	1	2	3	…	6	…	10
走れるきょり(km)				…	72	…	

自動車 B

ガソリンの量(L)	1	2	3	4	…	9	10
走れるきょり(km)				40	…		

(2) タンクが空のとき，同じ量のガソリンを入れて，空になるまで走りつづけます。A と B の走ったきょりに 5km の差ができるのは，何 L のガソリンを入れたときでしょう。　(20点)

(3) A と B の走ったきょりの合計が 546km で，使ったガソリンの合計が 50L のとき，A の使ったガソリンは何 L だったのでしょう。　(20点)

どれだけとべたかな

答え→128ページ

次はあゆみさん，かずなさん，みちるさん，ゆうきさん，ほのかさんの5人のはしりはばとびの結果についての会話です。

5人のうちでいちばんとべたのはだれでしょう。

私とかずなさんのきょりは，たしたら640cmになるけど，私のほうが24cm長いのよ。

みちるさんは私の1.25倍より73cm短いのよ。

ぼくとゆうきさんとほのかさんの平均は310cmだよ。

あゆみ

みちる

かずな

ぼくはかずなさんより7cm長いよ。

私，ちょっと失ぱいしちゃった…

ゆうき

ほのか

さくいん　この本に出てくるたいせつなことば

⑤

127

おもしろ算数 の答え

<56 ページの答え >

答 ちょう戦1 16g ちょう戦2 960円
ちょう戦3 440人前

ちょう戦1
$10÷25×40=16(g)$

ちょう戦2
$(300+100+140+30+20+10)÷25$
$×40=960(円)$

ちょう戦3
40個の材料費は8人前だから，1人前の材料
費は
$960÷8=120(円)$
1人前の売り上げは $120×1.25=150(円)$
これより $66000÷150=440(人前)$

<70 ページの答え >

答 ① 木…1，林…2，森…3
② し…1，ろ…5，こ…2 または，
し…2，ろ…1，こ…4
③ 大…6，時…2，計…5

① かける数，かけられる数の一の位の数がすべ
て同じであることに注目。同じ数をかけて答え
の一の位が同じ数であるのは，1，5，6のどれか。
2倍，3倍して1けたの数になるのは1。
② もし「し」が4以上の数だと，計算の結果は
4けたになることに注目。「し」を1，2，3と
して考える。
③ ①や②と同じように考える。

<76 ページの答え >

答 (2)，(3)，(5)，(6)，(8)，(9)
(1) $73×21=1533$
$12×37=444$
(2) $13×93=1209$
$39×31=1209$
(3) $642×369=236898$
$963×246=236898$
(4) $67×32=2144$
$23×76=1748$
(5) $32×46=1472$
$64×23=1472$
(6) $123×642=78966$
$246×321=78966$
(7) $317×432=136944$
$234×713=166842$
(8) $12×42=504$
$24×21=504$
(9) $14×82=1148$
$28×41=1148$

<125 ページの答え >

答 あゆみさん
あゆみ $(640+24)÷2=332(cm)$
かずな $640-332=308(cm)$
みちる $308×1.25-73=312(cm)$
ゆうき $308+7=315(cm)$
ほのか $310×3-(312+315)=303(cm)$

□ 編集協力 有限会社キーステージ21 植木幸子 藤川典子
□ デザイン 福永重孝
□ 図版作成 伊豆嶋恵理 ㈲デザインスタジオエキス.
□ イラスト ふるはしひろみ よしのぶもとこ

シグマベスト
これでわかる
算数 小学5年 文章題・図形

編 者 文英堂編集部
発行者 益井英郎
印刷所 NISSHA株式会社
発行所 株式会社文英堂
〒601-8121 京都市南区上鳥羽大物町28
〒162-0832 東京都新宿区岩戸町17
(代表)03-3269-4231

●落丁・乱丁はおとりかえします。

これでわかる
算数 小学5年
文章題・図形

くわしく
わかりやすい

答えと解き方

- ●「答え」は見やすいように，ページごとに "わくがこみ" の中にまとめました。
- ●「考え方・解き方」では，図や表などをたくさん入れ，解き方がよくわかるようにしています。
- ●「知っておこう」では，これからの勉強に役立つ，進んだ学習内容をのせています。

文英堂

1 整数と小数, 小数のかけ算・わり算

確認テストの答え　　9ページ

❶ (1) 4.628
(2) 192
(3) 0.1, 0.01, 0.001
(4) 9

❷ (1) 0.4　　　(2) 17
(3) 0.302　　(4) 0.045
(5) 0.608　　(6) 0.53

❸ (1) 135　　　(2) 125
(3) 0.0056　(4) 0.0085

❹ (ウ), (イ), (オ), (エ), (ア)

❺ (1) 125, 0.125
(2) 453100, 45310000

考え方・解き方

❶ (1) 1 を　　　　4 個…4
0.1 を　　　6 個…0.6
0.01 を　　2 個…0.02
0.001 を　 8 個…0.008 ⎫ 4.628

(2) 1.92 は, 1 と 0.9 と 0.02 に分けられる。
1 は 0.01 を 100 個　　 100+90+2=192
0.9 は 0.01 を 90 個　 1.92 は 0.01 を 192 個
0.02 は 0.01 を 2 個　 集めた数

(3)　　　0.01 が 2 個
0.1 が 3 個　　 0.001 が 6 個
　　　　0.326

(4) 2 . 1 9 4
…一の位
…小数点
…1/10 の位(小数第一位)
…1/100 の位(小数第二位)
…1/1000 の位(小数第三位)

❷ 小数を 10 倍すると, 各位の数字は位が 1 つ上がり, **小数点は右へ 1 けた**うつる。
小数を 1/10 にすると, 各位の数字は位が 1 つ下がり, **小数点は左へ 1 けた**うつる。

---

(1) 0.04 ┐ 10倍
　　0.4 ┘

(2) 0.17 ┐ 10倍 ┐
　　1.7 ┘ 10倍 ┘ 100倍
　　17

(3) 3.02 ┐ 1/10
0.302 ┘

(4) 4.5 ┐ 1/10 ┐
0.45 ┘ 1/10 ┘ 1/100
0.045

(5) 0.1 を 6 個　→ 0.6
0.001 を 8 個 → 0.008
合わせると,　　 0.608

(6) 0.001 を 530 個
0.530
0.53

❹ 5 けたの(ウ)がいちばん大きい。
千の位が 5 である(イ)と(オ)では, (イ)の百の位にどんな数字が入っても(イ)の方が大きい。
千の位が 4 である(ア)と(エ)では, (ア)の百の位にどんな数字が入っても(エ)の方が大きい。
したがって, 大きい順に
(ウ), (イ), (オ), (エ), (ア)

❺ (1) 125 ┐ 10倍
12.5 ┤ 1/100
0.125 ┘

(2) 453100 ┐ 100×100 倍
45.31 ┤ 1000×1000 倍
45310000 ┘

確認テストの答え　　13ページ

❶ 3.29L
❷ 0.98m
❸ 45 はい
❹ 130 ふくろできて, 0.2kg あまる。
❺ 約 1.9kg
❻ (1) (ア), (エ)
(2) (オ), (ア), (ウ), (エ), (イ)

考え方・解き方

❶ 0.7×4.7=3.29(L)
❷ 2.45×0.4=0.98(m)
❸ 1.8×7=12.6(L)
12.6L=126dL だから
126÷2.8=45(はい)

❹ 商は一の位まで求めてあまりを出す。

$84.7 \div 0.65 = 130$ あまり 0.2

130 ふくろあまり 0.2kg

```
        1 3 0
0.6 5)8 4 7 0
      6 5
      1 9 7
      1 9 5
        0 2 0
```

❺ 商を $\dfrac{1}{10}$ の位までのがい数で求めるときは，$\dfrac{1}{100}$ の位まで計算して，$\dfrac{1}{100}$ の位を四捨五入する。

$5.2 \div 2.7 = 1.92\cdots \Rightarrow$ 約 1.9kg

ここを四捨五入

❻ (1) わる数が 1 より小さいとき，商は 4.08 より大きくなるから，わる数が 1 より小さいものをさがす。

(2) わる数が大きいほど商は小さくなり，わる数が小さいほど商は大きくなるから，わる数が大きいものから順にならべる。

チャレンジテスト① の答え　14 ページ

❶ ⑦ 1630000　　⑦ 1630
　⑦ 163　　　　⑦ 163

❷ ⑦，⑦，⑦，⑦

❸ (1) 43　　　　(2) 57 あまり 0.25

❹ (1) 0.55m　　(2) 0.11m²

❺ 20m

❻ 4500 円

考え方・解き方

❶ ⑦ $32600 \times 50 = 326 \times 5 \times 1000$
　　　　　$= 1630000$

　⑦ $3.26 \times 500 = 3.26 \times 100 \times 5$
　　　　　$= 326 \times 5 = 1630$

　⑦ $3260 \times 0.05 = 326 \times 10 \times 5 \times 0.01$
　　　　　$= 326 \times 5 \times 0.1 = 163$

　⑦ $32.6 \times 5 = 326 \times 5 \times 0.1 = 163$

❷ わる数を全部 6789 にして考える。

⑦ $12345 \div 0.6789 = 123450000 \div 6789$

⑦ $1.2345 \div 6789$

⑦ $123.45 \div 6789$

⑦ $12.345 \div 67.89 = 1234.5 \div 6789$

わる数が同じとき，わられる数が大きいほど商は大きくなるから，わられる数が大きいものから順にならべる。

❸ (1) わる数×商＋あまり＝わられる数だから

　　$7.5 \times 5 + 5.5 = 43$

(2) $43 \div 0.75 = 57$ あまり 0.25

❹ (1) 長方形のまわりの長さが 1.5m だから，たてと横の長さの和は　$1.5 \div 2 = 0.75$(m)

　　$0.75 - 0.2 = 0.55$(m)

(2) $0.2 \times 0.55 = 0.11$(m²)

❺ 最初，□ m の高さから落としたとすると

　□ $\times 0.6 \times 0.6 = 7.2$

　□ $\times 0.36 = 7.2$

　□ $= 7.2 \div 0.36$

　□ $= 20$(m)

❻ 233.28km 走るのに必要なガソリンは

　$233.28 \div 7.2 = 32.4$(L)

　$32.4 \div 7.2 = 4.5$(倍) だから

　　$1000 \times 4.5 = 4500$(円)

チャレンジテスト② の答え　15 ページ

❶ (1) 0.064cm　　(2) 64cm

❷ (1) 971.973　　(2) 1.027

❸ (1) 10　　　　(2) 10 個

❹ 38.5kg

❺ 0.9km

考え方・解き方

❶ (1) $6.4 \div 100 = 0.064$(cm)

　　0.06.4

(2) $0.064 \times 1000 = 64$(cm)

❷ (1) いちばん大きい数は　972.1，

　いちばん小さい数は 0.127 より

　　$972.1 - 0.127 = 971.973$

(2) 1 に近い数は，1.027 と 0.972 が考えられる。1 との差は，0.027 と 0.028 だから，いちばん 1 に近い数は 1.027 である。

③ (1) $7 × 0.1 + 0.5 = 1.2$　切り捨てると 1
　　　　$1 × 10 = 10$
　　(2) $20 ÷ 10 = 2$　小数点以下を切り捨てる前は，
　　　　2 から 2.9 までの 10 個だから 10 個。

④

　　$(42 + 13) × 0.7 = 38.5$(kg)

⑤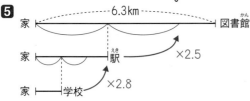

　　$6.3 ÷ 2.5 = 2.52$(km)…家から駅まで
　　$2.52 ÷ 2.8 = 0.9$(km)…家から学校まで

2 直方体や立方体の体積

確認テスト①の答え　　20ページ

❶ (1) $0.72m^3$ $(720000cm^3)$　　(2) $113.1m^3$
　　(3) $14.04m^3$
❷ 高さ…$15cm$　　体積…$2160cm^3$
❸ (1) $5120cm^3$　　(2) $5cm$
❹ (1) $15cm^3$　　(2) $12cm^3$

考え方・解き方

❶ (1) 単位を m にそろえる。
　　$60cm = 0.6m$，$40cm = 0.4m$ だから，体積は
　　$3 × 0.6 × 0.4 = 0.72$(㎥)
　　別の考え方 単位を cm にそろえる場合は次の
　　ようになる。$3m = 300cm$ だから
　　　$300 × 60 × 40 = 720000$(cm³)
　　(2) たて $6.5m$，横 $6m$，高さ $2m$ の直方体と，たて
　　$6.5m$，横 $2m$，高さ $2.7m$ の直方体を合わせた
　　ものと考える。
　　　$6.5 × 6 × 2 + 6.5 × 2 × 2.7 = 113.1$(㎥)
　　(3) たて $3.6m$，横 $2.4m$，高さ $2m$ の直方体から，
　　たて $1.8m$，横 $1.2m$，高さ $1.5m$ の直方体を取
　　りのぞいたものと考える。
　　　$3.6 × 2.4 × 2 - 1.8 × 1.2 × 1.5$
　　　$= 14.04$(㎥)

❷ $12cm$ のリボンがかかっているのは 4 か所。
　　$1.38m = 138cm$ だから，$12cm$ のリボンと結び
　　目をひくと
　　　$138 - (12 × 4 + 30) = 60$(cm)
　　高さの長さ分のリボンがかかっているのは 4 か所。
　　　$60 ÷ 4 = 15$(cm)…高さ
　　よって，体積は　$12 × 12 × 15 = 2160$(cm³)

❸ (1) たてが　$36 - 8 × 2 = 20$(cm)，
　　　横が　$48 - 8 × 2 = 32$(cm)，高さが $8cm$ の
　　　箱だから，この箱に入る水の体積は
　　　　$20 × 32 × 8 = 5120$(cm³)
　　(2) $3.2L = 3200cm^3$ だから
　　　　$3200 ÷ (20 × 32) = 5$(cm)…水面の高さ

❹ (1) 1 辺が $1cm$ の立方体の体積は $1cm^3$ である。
　　　上のだんと下のだんに分けると，下の図のよう
　　　になり，$1cm^3$ の立方体が $10 + 5 = 15$(個) あ
　　　る。　$1 × 15 = 15$(cm³)

　　(2) 次の図のように，3 だん目の立方体を動かして
　　　考えると，$1cm^3$ の立方体は，
　　　　$4 × 2 + 2 + 2 = 12$(個) ある。
　　　　$1 × 12 = 12$(cm³)

確認テスト②の答え　　21ページ

❶ $480cm^3$
❷ (1) $40cm^3$　　(2) $100cm^3$
❸ (1) $12cm$　　(2) $2880cm^3$
❹ (1) $480cm^3$　　(2) $270cm^3$

考え方・解き方

❶ 展開図を組み立てると，
　右の図のような直方体
　になる。
　　$10 × 8 × 6 = 480$(cm³)

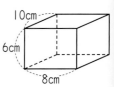

❷ (1)たて 3cm，横 6cm，高さ 4cm の直方体から，
　たて 2cm，横 6−1×2＝4(cm)，高さ 4cm の直
　方体を取りのぞいたものと考える。
　　　3×6×4−2×4×4＝40(cm³)

(2)たて 5cm，横 6cm，高さ 4cm の直方体から，た
　て 2cm，横 2cm，高さ 1cm の直方体 2 個と，
　たて 1cm，横 6cm，高さ 2cm の直方体 1 個を
　取りのぞいたものと考える。
　　　5×6×4−(2×2×1×2+1×6×2)
　　　＝100(cm³)

❸ (1)容器 A の体積は
　　　16×18×30＝8640(cm³)
　容器 B の底面は，20×36(cm²) だから，
　水面の高さは
　　　8640÷(20×36)＝12(cm)

(2)石の体積＝(石を入れたあとの全体の体積)
　　　　　　−(もとの水の体積)
　だから
　　　20×36×16−8640＝2880(cm³)

❹ 容積は内のりをかけあわせて求める。(2)の深さ
　は板の厚みを 1 回だけひく。
(1)6×8×10＝480(cm³)
(2)(7−2)×(8−2)×(10−1)＝270(cm³)

チャレンジテスト①の答え 22 ページ

❶ (1)612cm³　　(2)20cm³
❷ (1)50cm　　　(2)45cm
❸ (1)12.5cm　　(2)1500cm³

考え方・解き方

❶ 直方体の体積は，たて×横×高さで求められる。
(1)たて 7cm，横 14cm，高さ 8+2＝10(cm) の
　直方体から，たて 7cm，横 14−4×2＝6(cm)，
　高さ 8cm の直方体と，たて 4cm，横 4cm，高さ
　2cm の直方体を取りのぞいたものと考える。
　　　　7×14×10−(7×6×8+4×4×2)
　　　　＝612 (cm³)

(2)たて 1cm，横 1cm，高さ 3cm の直方体の体積
　を 3 回ひくと，中央の重なった 1 辺 1cm の立
　方体の体積を 3 回ひいたことになるので，ひき
　すぎた 1×1×1×2＝2(cm³) を加えておく。

　　　3×3×3−1×1×3×3+1×1×1×2
　　　＝20(cm³)

❷ (1)うつしたあとの容器 A と B の水面の高さが同
　じだから，底面積が容器 A と B の底面の面積の
　和に等しい容器に水をうつしたと考える。
　水の体積は　40×30×68＝81600(cm³)
　よって，水面の高さは
　　　81600÷(40×30+24×18)＝50(cm)

(2)B に入っている水の体積は
　　　24×18×50＝21600(cm³)
　C の水面の高さは
　　　21600÷(32×15)＝45(cm)

❸ (1)立方体（石）は水の中にしずんでしまうので，
　立方体の体積だけ，全体の体積が増える。
　　　10×10×10÷(40×50)
　　　＝0.5(cm)
　　　12+0.5＝12.5(cm)

(2)直方体（石）をのぞいた部分の底面の面積は
　　　40×50−20×25＝1500(cm²)
　よって，直方体（石）をのぞいた部分の水の体
　積は
　　　1500×15＝22500(cm³)
　これが入る水の量だからこぼれた水は
　　　40×50×12−22500＝1500(cm³)

チャレンジテスト②の答え 23 ページ

❶ (1)2.7L　　　(2)1140cm³
　(3)1.5cm
❷ (1)7 個　　　(2)1.8cm
❸ (1)360cm³　　(2)800cm³
　(3)5.6cm

考え方・解き方

❶ (1)ますの内側のたては　12−1×2＝10(cm)
　横は　20−1×2＝18(cm)
　高さは　16−1＝15(cm) だから
　　　10×18×15＝2700(cm³)→2.7L

(2)ますの外側の体積から内側の体積をひいたも
　のが，ますに使った板の体積になる。
　ますの内側の体積は(1)より，2700cm³
　よって　12×20×16−2700＝1140(cm³)

(3) ますの内側のたてが 10cm，横が 18cm で，7.5cm の高さまで水が入っているから，1辺 3cm の立方体 10 個はすべて水の中にしずむ。1辺 3cm の立方体 10 個分の体積だけ水面が上がるから

$$3 \times 3 \times 3 \times 10 \div \underline{(10 \times 18)}$$
$$= 1.5 \text{(cm)}$$

↑
ますの内側の底面積

2 (1) 入っている水の体積は

$$4 \times 6 \times 12 = 288 \text{(cm}^3\text{)}$$

立方体が水面上に出ているとき，水が入っている部分の底面の面積は

$$6 \times 4 - 3 \times 3 = 15 \text{(cm}^2\text{)}$$

このとき，水の深さは

$$288 \div 15 = 19.2 \text{(cm)}$$

これが 1辺 3cm の立方体何個分かだから

$$19.2 \div 3 = 6.4 \text{(cm)} \quad \text{すなわち 7 個分。}$$

(2) $3 \times 7 - 19.2 = 1.8 \text{(cm)}$

3 (1) 図2から $10 \times 10 \times 3.6 = 360 \text{(cm}^3\text{)}$

(2) 図1の底面の面積は

$$360 \div 4.5 = 80 \text{(cm}^2\text{)}$$

よって，この容器の容積は

$$80 \times 10 = 800 \text{(cm}^3\text{)}$$

(3) 水の入っていない部分の体積は，図1から

$$80 \times (10 - 4.5) = 440 \text{(cm}^3\text{)}$$

図3で，$10 - ⑦ = 440 \div (10 \times 10) = 4.4$

よって ⑦ $= 10 - 4.4 = 5.6 \text{(cm)}$

3 図形の合同とその角

確認テストの答え　　27 ページ

1 ⓘとⓚ，ⓤとⓞ，ⓔとⓕ

2 (1) 90°　　(2) 77°
　　(3) 8cm　　(4) 5.96cm

3

	⑦	⑦	⑦
三角形 AOB	三角形 BOC 三角形 COD 三角形 DOA	三角形 COD	三角形 DOC
三角形 ABC	三角形 BCD 三角形 CDA 三角形 DAB	三角形 CDA	三角形 DCB

考え方・解き方

1 辺の長さなどを参考に考える。

2 頂点 A と H，頂点 B と E，頂点 C と F，頂点 D と G が対応する。

3 各四角形において，同じ長さになるのは次の図のようになる。特に等脚台形は，上底の 2 つの頂点と，下底の 2 つの頂点を合わせるとぴったり重なることに注意。

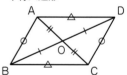

⑦ 正方形　　　⑦ 平行四辺形

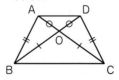

⑦ 等脚台形

確認テストの答え　　29 ページ

1 (1) 63°　　(2) 82°　　(3) 55°
　　(4) 86°　　(5) 76°　　(6) 30°

2 (1) 75°　　　　(2) 105°

3 (1) 35°　　　　(2) 180°

考え方・解き方

❶ 三角形の 3 つの角の大きさの和は 180°である。

(1) 180° − (83° + 34°) = 63°

(2) 180° − (25° + 57°) = 98°

180° − 98° = 82°

別の考え方　三角形の外側の角は，それととな
り合わない 2 つの角の和に等しいから

25° + 57° = 82°

知っておこう　下の図の三角形で，

あ + ⓘ + う = 180°

う + え = 180°

だから

あ + ⓘ = え となる。

(3) 180° − 130° = 50°

180° − (50° + 75°) = 55°

別の考え方　130° − 75° = 55°

(4) 180° − 47° × 2 = 86°

知っておこう　二等辺三
角形の底角の大きさは
等しい。

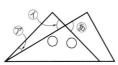

底角

(5) (180° − 28°) ÷ 2 = 76°

(6) 右の図で，三角形 ABD
は正三角形だから

5cm　60°　5cm
B　5cm　D　C

㋐は　180° − 60°
= 120°

㋑は　90° − 60°
= 30°

㋒は　180° − (120° + 30°) = 30°

❷ (1) 右の図で

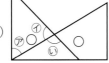

㋐は　45° − 30°
= 15°

㋑は　180° − (90° + 15°) = 75°

あの角度は㋑と等しくなるから 75°

└─ 2 本の直線が交わるとき，
向かい合っている角の大きさは等しい。

(2) 右の図で

㋐は　90° − 30° = 60°

㋑は　180° − (60° + 45°)
= 75°

ⓘは　180° − 75° = 105°

別の考え方　㋐は　90° − 30° = 60°

ⓘは　45° + 60° = 105°

❸ (1)

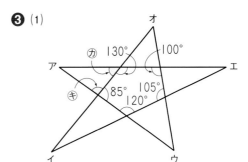

上の図で

㋕は　180° − 130° = 50°

㋖は　180° − 85° = 95°

角アは　180° − (50° + 95°) = 35°

(2) 角アと同じように考えて

角イ = 25°，角ウ = 45°，角エ = 25°，

角オ = 50°

したがって

35° + 25° + 45° + 25° + 50° = 180°

別の考え方　三角形の外側の角は，それととな
り合わない 2 つの角の和に等しいことを用い
ると

角㋕ = 角イ + 角エ

角㋖ = 角ウ + 角オ

したがって

角ア + 角イ + 角ウ + 角エ + 角オ

= 角ア + 角㋕ + 角㋖

= 180°

（三角形の 3 つの角の和は 180°だから）

確認テストの答え　　**31** ページ

❶ (1) 65°　　　(2) 87°　　　(3) 66°

❷ (1) | 360° | 540° | 720° | 900° | 1080° |

(2) 8

❸ 69°

❹ (1) 108°　　　(2) 360°

考え方・解き方

❶ 四角形の 4 つの角の大きさの和は 360°である。

(1) 360° − (83° + 80° + 132°) = 65°

(2) 360° − (130° + 62° + 75°) = 93°

180° − 93° = 87°

(3) 平行四辺形の向かい合う角の大きさは等しい
から，となり合う角の大きさの和は 180°にな
る。　180° − 114° = 66°

❷ (1) １つの頂点から対角線
をひき，いくつかの三角
形に分けて考える。

四角形は２つの三角形
に分けられるから，
　180°×2＝360°

五角形は３つの三角形
に分けられるから，
　180°×3＝540°

六角形，七角形，八角形
も同じように考える。

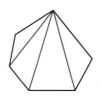

多角形の辺の数と，１つ
の頂点からひいた対角
線によって分けられる
三角形の数は，次の表の
ようになる。

多角形	四角形	五角形	六角形	七角形	八角形
辺の数	4	5	6	7	8
三角形の数	2	3	4	5	6

(2) 上の表から，１つの頂点からひいた対角線によ
って分けられる三角形の数は，
辺の数－2 であることがわかる。
　よって　180°×（10－2）
　　　　　＝180°×8

❸ 三角形 CDE は二等辺
三角形だから，角 D は
　（180°－32°）÷2
　＝74°

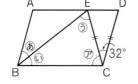

平行四辺形の向かい合
う角は等しいから，あ＋い＝74°である。
あ，いは　74°÷2＝37°
平行四辺形で，となり合う角の和は180°になる
から，角 BCD は　180°－74°＝106°
右上の図で，㋐は　106°－32°＝74°
三角形 EBC の３つの角の大きさの和は180°だ
から，㋒は，180°－（37°＋74°）＝69°

❹ (1) 正五角形の５つの角の大きさの和は
　　180°×3＝540°
５つの角の大きさがすべて等しいから，
　　540°÷5＝108°
(2) （180°－108°）×5＝360°
　知っておこう　どのような多角形でも，図形の
　　　外側の角の大きさの和は360°になる。

---

❶ あとか，いとえ，うとく，おとき

❷ 合同な三角形…三角形 DCF
　条件…ウ

❸ (1) 三角形 CDF　　(2) 28°

考え方・解き方

❶ あとか…１辺が 4cm の正三角形
　いとえ…55°をはさむ辺が 5cm と 8cm の三角形
　うとく…3 辺の長さがそれぞれ同じ三角形
　おとき…きの残りの角度は
　　180°－（65°＋90°）＝25°
　となる。8cm の両はしの角が 25°と 90°の三角形
　となる。

❷ BC＝DC，CE＝CF，角 BCE＝角 DCF＝90°

❸ (1) AD＝CD，AE＝CF，角 DAE＝角 DCF＝90°
(2) 90°－31°×2＝28°

---

❶ (1) 100°　　　　(2) 140°

❷ 65°

❸ 30°

❹ 96°

❺ あ…125°　　　　い…78°

考え方・解き方

❶ (1) 三角形 ABC は AB＝AC の二等辺三角形だか
ら，角 A は
　　180°－70°×2＝40°
また，三角形 DAB は BD＝AD の二等辺三角形
だから，あは　180°－40°×2＝100°

(2) 右の図で，㋐は
　180°－110°＝70°
㋑は　180°
　－（90°＋60°）＝30°
㋒は　90°－30°＝60°
したがって，㋑は
　360°－（70°＋60°＋90°）＝140°

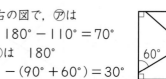
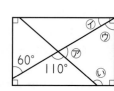

2 角Aは
　　$180° - (50° + 90°)$
　　$= 40°$
より，図の角A_1も
40°である。
25°回転させるから，
右の図の㋐は25°となる。
㋐は　$40° + 25° = 65°$

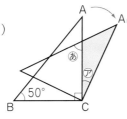

3 三角形CBEは二等
辺三角形だから，
右の図で，㋐は
　　$(180° - 90° - 60°)$
　　$÷ 2 = 15°$
㋐は　$90° ÷ 2 - 15° = 30°$

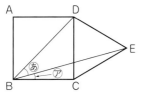

4 三角形ABCは二等
辺三角形だから，角
Cは50°
角Aは
　　$180° - 50° × 2$
　　$= 80°$
DEを折り目として折っているから，上の図の㋐
も80°である。
㋑は　$180° - (64° + 50°) = 66°$
㋐は，三角形DBFの外側の角の性質を使って
　　$(80° + 66°) - 50° = 96°$

5 右の図で，㋐は72°
となる。
㋐は，$72° + 53°$
　　　$= 125°$
直線①と直線②は平
行だから，㋑は72°
である。
㋒は　$72° - 23° = 49°$
したがって，㋑は
　　$180° - (53° + 49°) = 78°$

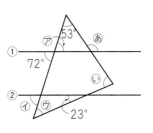

チャレンジテスト③の答え　34ページ

1 (1) 15°　　(2) 34°
2 角㋐…64°　　角㋑…26°
3 角㋐…29°　　角㋑…52°
4 105°
5 230°

考え方・解き方

1 (1) 正方形の紙を折っている
から，右の図の三角形ABC
は正三角形になり，㋐は
60°である。
㋐と㋑は等しいから，
㋐は　$(90° - 60°) ÷ 2 = 15°$

(2) 長方形の紙を折って
いるから，右の図の
㋐は28°で，㋑は
　　$180° - (90° + 28°)$
　　$= 62°$
㋑と㋒は等しいから，
㋑は　$62° × 2 - 90° = 34°$

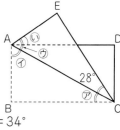

2 右の図で，㋐は
　　$180° - (90° + 52°)$
　　$= 38°$
㋑は
　　$90° - 38° = 52°$
三角形CDEはDC=DEの二等辺三角形だから
㋐は　$(180° - 52°) ÷ 2 = 64°$
㋒も64°になるから，
㋑は　$90° - 64° = 26°$

3 ABとEDが平行だ
から，右の図で，㋐
は64°である。
また，三角形DABは
DA=DBの二等辺三
角形だから，㋑も64°である。したがって，㋑は
　　$180° - 64° × 2 = 52°$
㋐は，三角形ADCの外側の角から考えて
　　$52° - 23° = 29°$

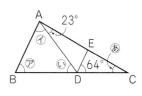

4 三角形 ABC は二等
辺三角形だから，右の
図で，⑦は
$(180° - 90°) ÷ 2$
$= 45°$
①は
$180° - (90° + 45°) = 45°$
⑦は三角形 DEA の外側の角より
$30° + 45° = 75°$
したがって，あは $180° - 75° = 105°$

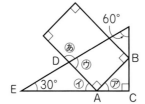

5

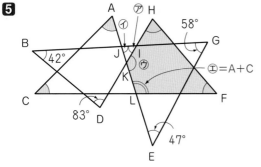

上の図の三角形 BDI において
⑦$= 180° - (42° + 83°) = 55°$，
三角形 JEG において
①$= 180° - (58° + 47°) = 75°$
三角形 JKI の外側の角だから
⑦$= 55° + 75° = 130°$ である。
（角 A + 角 C）は三角形 ACL の外側の①に置きか
えることができる。かげのついた四角形において，
四角形の 4 つの角の和は 360°だから，360° - ⑦
が求める角度。 $360° - 130° = 230°$

4 偶数と奇数・倍数と約数

確認テストの答え　　　37 ページ

❶ 216
❷ A さん…5 周　　　B さん…4 周
❸ (1) 8 個　　　(2) 432
❹ (1) 45cm　　　(2) 15 まい
❺ 3 日

考え方・解き方

❶ 18 と 12 の最小公倍数は 36 である。
$36 × 5 = 180$　と　$36 × 6 = 216$ を比べる。

$200 - 180 = 20$，$216 - 200 = 16$ だから，
216 の方が近い。

|注意| 「～にいちばん近い数」を求めるとき，その
数をこえた方が近いことがあるので気をつける。

❷ 12 と 15 の最小公倍数は 60 だから，60 分後
に 2 人は木のところで出会う。60 分後，
A…$60 ÷ 12 = 5$(周)　　　B…$60 ÷ 15 = 4$(周)より
A は 5 周したとき，B は 4 周したとき，となる。

❸ (1) 4 でも 6 でもわりきれる数は，4 と 6 の公倍
数になる。4 と 6 の最小公倍数は 12 だから，
$100 ÷ 12 = 8$ あまり 4　すなわち，8 個。
(2) 100 までの 12 の倍数は，12，24，36，48，
60，72，84，96 である。
$12 + 24 + … + 96$
$= 12 × (1 + 2 + 3 + … + 8) = 12 × 36 = 432$

❹ (1) 9 と 15 の最小公倍数は 45 だから，正方形の
1 辺の長さは 45cm である。

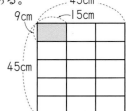

(2) $45 ÷ 9 = 5$，
$45 ÷ 15 = 3$ より，
たてに 5 まい，横に
3 まいならぶから
$5 × 3 = 15$(まい)

❺ 3 と 4 の最小公倍数
は 12 だから，12 日ごとに漢字とわり算の 2 つ
の小テストをすることになる。5 月 1 日に両方の
テストをするから，5 月 1 日をのぞいた 30 日間
で，両方のテストをする日が何回あるか考える。
$30 ÷ 12 = 2$ あまり 6　　$2 + 1 = 3$(日)
└────────── 5/1
└── 5/13, 5/25

確認テストの答え　　　39 ページ

❶ (1) 1，2，3，5，6，10，15，25，30，
50，75，150
(2) 2，3，25，50　または，
5，10，15，50　または，
10，15，25，30
❷ 1，5，25
❸ 16 と 40
❹ (1) 4km ごと
(2) 中級者用…4 つ　　　上級者用…8 つ
❺ 14 個
❻ 子どもの人数…16 人
ノート…4 さつずつ　　　えん筆…5 本ずつ

考え方・解き方

❶ (2) 大きな数から考える。

80−75＝5　3つの数で5になる組み合わせはない。

80−50＝30　3つの数で30になる組み合わせは，2，3，25，または，5，10，15

よって，2，3，25，50，または，5，10，15，50

80−30＝50　3つの数で50になる組み合わせは，10，15，25

よって，10，15，25，30

❷ Aは75と250の公約数である。75と250の最大公約数は25だから，25の約数がAである。

❸ 39÷□を整数にするような整数を□に入れればよいから，39の約数を入れればよい。

39の約数は，1，3，13，39　だから，答えは順に40，16，16，40　となって，16と40

❹ (1) 20と36の最大公約数は4だから，4kmごとにテントを設置すればよい。

(2) 各コースの道のりを4でわる。

20÷4＝5　ただし，最後の5つ目はゴールなので，テントはいらない。

スタート　　　ゴール

だから，中級者用コースは4つ。

同様に，上級者用コースは

36÷4−1＝8(つ)

❺ 48と72の最大公約数は24

24の約数は，1，2，3，4，6，8，12，24の8個

また，48の約数は，1，2，3，4，6，8，12，16，24，48の10個

72の約数は，1，2，3，4，6，8，9，12，18，24，36，72の12個

よって，48または72をわりきることができる整数は　10＋12−8＝14(個)

❻ 64と80の最大公約数は16だから，子どもは16人。

ノート…64÷16＝4(さつ)

えん筆…80÷16＝5(本)

確認テストの答え　41ページ

❶ 425

❷ 4，6，12

❸ 179

❹ (1) 177　　　(2) 27

❺ 84

❻ 8人

考え方・解き方

❶ 12と15の公倍数より5大きい数である。

12と15の最小公倍数は60である。

400÷60＝6あまり40

60×6＋5＝365，60×7＋5＝425

400に近い方は425

❷ 39÷□＝△あまり3，51÷□＝○あまり3だから，39−3＝36，51−3＝48より，ある数□は，36と48の公約数である。

36と48の公約数は，1，2，3，4，6，12

あまりが3だから，ある数は3より大きい数でないといけない。よって，答えは，4，6，12

❸ 15でわると14あまる数とは15の倍数より1小さい数で，18でわると17あまる数とは18の倍数より1小さい数である。したがって，**求める数は15と18の公倍数より1小さい数である。**

15と18の公倍数は90，180，…

3けたの数でいちばん小さいのは180だから，求める答えは179

❹ (1) あまりはすべて，わる数より3小さい。

したがって，4，5，6の公倍数より3小さい数で，200にいちばん近い数を見つければよい。

4，5，6の公倍数は60，120，180，240，…

180−3＝177，240−3＝237で，

200−177＝23，237−200＝37だから，

求める答えは177である。

(2) ❷のように，ともにあまりが同じであったり，❸のように，ともにあまりがわる数より同じ数だけ小さかったりしないときは，**何かある数を加えると公倍数にならないかを考える。**

5でわったら2あまる数とは，5×○＋2…Ⓐ

8でわったら3あまる数とは，8×△＋3…Ⓑ

Ⓐに，3，8，13，18，…を加えると，Ⓐは5の倍数になる。(あまりが5の倍数になるから)

次に，Ⓑに 3，8，13，18，…を加えていくと，

8×△＋(3＋3)　←8 でわりきれない

8×△＋(3＋8)　←8 でわりきれない

8×△＋(3＋13)　←8 でわりきれる(あまりが 8 の倍数)

だから，2 数それぞれに 13 を加えた数は，5 と 8 の公倍数である。5 と 8 の最小公倍数は 40 だから，求める答えは　40－13＝27

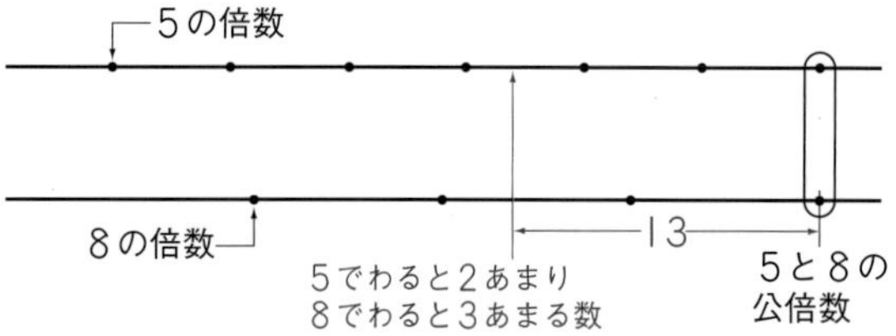

❺ 本冊 42 ページの問題 2 と同じ解き方で解ける。
36＝12×3，A＝12×a で表せるとすると，
252＝12×3×a　これより，a＝7 だから
A＝12×7＝84（a と 3 は 1 以外に公約数はもっていないことを確認する。）

❻ 消しゴムが 24 個，ノートが 40 さつであれば，人数でぴったり分けられたわけであるから，72，24，40 の公約数で考える。
72 の約数…1，2，3，4，6，8，9，12，18，24，36，72
24 の約数…1，2，3，4，6，8，12，24
40 の約数…1，2，4，5，8，10，20，40
よって，72，24，40 の公約数は，1，2，4，8
消しゴムは 4 個あまっているから，子どもの人数は 4 より大きい数である。すなわち，8 人。

確認テストの答え　43 ページ

❶ (1) 123，126，132，162，213，216，231，261，312，321，612，621
(2) 126，132，162，216，312，612

❷ 73，75，77

❸ 34 回

❹ (1) ㋐…7　㋑…3　㋒…8　㋓…3
(2) 59，115

考え方・解き方

❶ (1) **3 の倍数は，各位の数をたした数が 3 の倍数である数**だから，1，2，3，6 のうち，たして 3 の倍数になる 3 つの数を見つけると，1，2，3 と，1，2，6 だけである。
1，2，3 から，123，132，213，231，312，321
1，2，6 から，126，162，216，261，612，621
(2) **6 の倍数は**，3 の倍数であり，2 の倍数である数だから，(1)で求めた **3 の倍数のうち，偶数であるもの**を選ぶ。

❷ 225÷3＝75　これがまん中の奇数である。

❸ 1.396396396…と 396 がくり返される。
100÷3＝33 あまり 1 より，396 は小数第 99 位までに 33 回現れ，小数第 99 位は 6 である。したがって，小数第 100 位は 3 である。だから，小数第 100 位までに 3 は 34 回出てくる。

❹ (1) 左の表は 7 ごとに，右の表は 8 ごとに列をつくっている。
(2) 7 でわっても 8 でわっても 3 あまる数（7 と 8 の公倍数より 3 大きい数）を見つける。

確認テストの答え　45 ページ

❶ ㋑，㋒，㋔

❷ ①，③，④

❸ ア，イ，エ

❹ (1)

①	2	3	④	5	⑥	7	⑧	⑨	⑩
11	⑫	13	⑭	⑮	⑯	17	⑱	19	⑳
㉑	㉒	23	㉔	㉕	㉖	㉗	㉘	29	㉚
31	㉜	㉝	㉞	㉟	㊱	37	㊳	㊴	㊵
41	㊷	43	㊹	㊺	㊻	47	㊽	㊾	㊿
(51)	(52)	53	(54)	(55)	(56)	(57)	(58)	59	(60)
61	(62)	(63)	(64)	(65)	(66)	67	(68)	(69)	(70)
71	(72)	73	(74)	(75)	(76)	(77)	(78)	79	(80)
(81)	(82)	83	(84)	(85)	(86)	(87)	(88)	89	(90)
(91)	(92)	(93)	(94)	(95)	(96)	97	(98)	(99)	(100)

(2) 2，3，5，7，11，13，17，19，23，29，31，37，41，43，47，53，59，61，67，71，73，79，83，89，97

考え方・解き方

❶ ㋔ 奇数どうしの積は奇数。
㋖ 1 つでも偶数のふくまれた数の積は偶数。
㋘ 奇数×奇数＝奇数　これに 1 を加えているので答えは偶数。

❸ ア，イ，ウの和は偶数，ア，イ，エの和は奇数だから，ウとエは一方が偶数で一方が奇数。
したがって，ウとエの和は奇数。
ア，ウ，エの和は偶数だから，アは奇数。
　　　　└奇数┘
イ，ウ，エの和は偶数だから，イは奇数。
　　　　└奇数┘
ア，イ，ウの和は偶数だから，ウは偶数。
ウとエは一方が偶数，一方が奇数だから，エは奇数。

┌─────────────────────────────┐
│ **チャレンジテスト①の答え** 　　**46**ページ │
│   │
│ ❶ (1) 17 個　　　　(2) 36 人   │
│ 　 (3) 175 個　　　(4) 381   │
│ ❷ 9cm   │
│ ❸ (1) 赤色と緑色　(2) 60 秒後   │
│ 　 (3) 15 回　　　(4) 60 秒後   │
└─────────────────────────────┘

考え方・解き方

❶ (1) $200 \div 6 = 33$ あまり 2　$6 \times 33 + 5 = 203$
だから，$6 \times 32 + 5 = 197$ が最大の数。
　　$100 \div 6 = 16$ あまり 4　$6 \times 16 + 5 = 101$
だから，最小の数は 101
　よって　$32 - 16 + 1 = 17$(個)

(2) 4 と 6 の公倍数である。4 と 6 の最小公倍数は 12 だから，30 以上 40 以下で 12 の倍数は 36
したがって，36 人である。

(3) 101 から 300 までの整数で，12 の倍数は，
　　$300 \div 12 = 25$　$100 \div 12 = 8$ あまり 4
　より　$25 - 8 = 17$(個)
　　16 の倍数は
　　$300 \div 16 = 18$ あまり 12，
　　$100 \div 16 = 6$ あまり 4
　より　$18 - 6 = 12$(個)
　　12 と 16 の最小公倍数 48 の倍数は，
　　$300 \div 48 = 6$ あまり 12，
　　$100 \div 48 = 2$ あまり 4
　より　$6 - 2 = 4$(個)
　よって，12 でも 16 でもわりきれない数は
　　$(300 - 101 + 1) - (17 + 12 - 4)$
　　　　　　　　　　　$= 175$(個)

(4) 11 の倍数より 4 小さく，7 の倍数より 4 小さく，5 の倍数より 4 小さい数だから，11 と 7 と 5 の公倍数より 4 小さい数である。
　11 と 7 と 5 の最小公倍数は 385 だから
　　$385 - 4 = 381$

❷ 90 と 108 と 153 の最大公約数を考える。
　90 の約数…1，2，3，5，6，9，10，15，18，
　　　　30，45，90
　108 の約数…1，2，3，4，6，9，12，18，27，
　　　　36，54，108
　153 の約数…1，3，9，17，51，153
　よって，最大公約数は，9 となる。
　すなわち，1 辺 9cm。

❸ (1) 2 つの数の最小公倍数のうち，いちばん小さい数を考える。
　　　赤と青…3 と 4 の最小公倍数は 12
　　　赤と黄…3 と 5 の最小公倍数は 15
　　　赤と緑…3 と 6 の最小公倍数は 6
　　　青と黄…4 と 5 の最小公倍数は 20
　　　青と緑…4 と 6 の最小公倍数は 12
　　　黄と緑…5 と 6 の最小公倍数は 30
　　よって，赤と緑の 6 秒ごとが最多。

(2) 3 と 4 と 5 の最小公倍数を考える。
　3 と 4 の公倍数で一の位の数が 5 または 0 であるものをさがす。
　3 と 4 の公倍数…12，24，36，48，60，72，…
　よって，3 と 4 と 5 の最小公倍数は 60

(3) 青色は 4 秒に 1 回点灯するから，
　　$60 \div 4 = 15$(回)

(4) (2)で赤青黄が同時に点灯するのは，3 つが同時に点灯してから 60 秒後であることがわかった。60 は 6 の倍数でもあるので，このとき，緑も点灯している。だから，60 秒後。

┌─────────────────────────────┐
│ **チャレンジテスト②の答え** 　**47**ページ │
│   │
│ ❶ 4 個   │
│ ❷ 6 通り   │
│ ❸ 7 周   │
│ ❹ (1) 34 だん　　(2) 67 だん   │
│ ❺ (1) 45　　　　(2) 30，42，48 │
└─────────────────────────────┘

考え方・解き方

❶ $123 - 3 = 120$　だから，120 と 380 の公約数を考える。最大公約数は 20 だから，
120 と 380 の公約数は，1，2，4，5，10，20
123 をわると 3 あまるので，ある数は 3 より大きい数だから，求める数は，4，5，10，20 の 4 個

2 旗と旗の間かくの長さは，24 と 36 の公約数である。24 と 36 の最大公約数が 12 だから，24 と 36 の公約数は，1，2，3，4，6，12

よって，6 通り。

3 1 → 8 → 15 → …は 7 個ずつ進んでいるので，1番の花にもどるのは，16 と 7 の公倍数だけ進んだときである。

16 と 7 の最小公倍数は　16×7＝112

よって　112÷16＝7(周)

4 (1) 2 人ともふむのは，2 と 3 の最小公倍数である 6 の倍数のだんと 200 だん目である。

(200 だん目は 6 の倍数ではないことに注意)

200÷6＝33 あまり 2

6 の倍数のだんは，33 だんで，これに 200 だん目を加えて　33＋1＝34(だん)

(2) A 君がふむのは

200÷2＝100(だん)

B 君がふむのは

200÷3＝66 あまり 2 より，200 だん目を加えて 67 だん

2 人ともふむのは 34 だんだから

2 人のうちどちらかは必ずふむだんは

100＋67－34＝133(だん)

したがって，どちらもふまない石だんは

200－133＝67(だん)

5 (1) 18 との最大公約数が 9 だから，9 の倍数。そのうち，偶数ならば，18 との最大公約数は 18 になるので，奇数でなければならない。

よって，30 から 50 までの整数で，9 の倍数で奇数のものは，45

(2) 2 数 A，B の最大公約数と最小公倍数について，

A＝ 最大公約数 ×a

B＝ 最大公約数 ×b

最小公倍数＝ 最大公約数 ×a×b

がいえる。(ただし，a，b の公約数は 1 だけ)

ある数と 18 の最小公倍数がある数の 3 倍だから，　ある数＝ 最大公約数 ×a，

18＝ 最大公約数 ×b　　…①

最小公倍数＝ 最大公約数 ×a×b

＝ ある数 × 3

よって，b＝3 で，①より，

最大公約数 ＝6

したがって，ある数は 6×a と表される。ただし，a は 3 の倍数でない。

└── a と b の公約数は 1 だけだから。

30 から 50 までの数のうち，これにあてはまるのは

30(＝6×5)，42(＝6×7)，48(＝6×8)

チャレンジテスト③の答え　48ページ

1 (1) 33 まい　　　　(2) 10 まい

2 (1) 次の中からどれか 3 つかけていればよい。

(3，5，29)，(3，11，23)，(5，13，19)，

(7，11，19)，(7，13，17)

(2) 2，2，3，5 (ここまで順は問わない)

8(組)

3 (1) 98　　　　　(2) 457

考え方・解き方

1 (1) 100÷3＝33 あまり 1 より，33 まい

(2) 100÷7＝14 あまり 2　3 と 7 の最小公倍数は 21 だから，14 まいのうち，21 の倍数のカードは A さんが取り出している。

100÷21＝4 あまり 16

14－4＝10 より，10 まい

2 (1) 37 より小さい素数は

2，3，5，7，11，13，17，19，23，29，31 の 11 個。

この 3 つの組み合わせで 37 ができるのは

(3，5，29)，(3，11，23)，(5，13，19)，

(7，11，19)，(7，13，17) の 5 通り。

(2) 60 を素数の積で表すと

60＝2×2×3×5

D＜E＜F になる D，E，F の組み合わせは

(1，2，2×3×5)，(1，3，2×2×5)，

(1，5，2×2×3)，(1，2×2，3×5)，

(1，2×3，2×5)，(2，3，2×5)，

(2，5，2×3)，(3，2×2，5) の

8 組である。

3 (1) 4 の倍数より 2 小さく，5 の倍数より 2 小さい数だから，4 と 5 の公倍数より 2 小さい。4 と 5 の最小公倍数が 20 で，2 けたの数で最大の数だから，100÷20＝5 より

20×5－2＝98

(2) 5 でわると 2 あまり，7 でわると 2 あまる数は，
5 と 7 の公倍数 35 の倍数より 2 大きい数で，
最小の数は 37。これは，4 でわると 1 あまる。
よって，求める数は 37 に 4 と 5 と 7 の最小公
倍数である 140 の倍数をたした数である。500
にいちばん近いのは
$$37＋140×3＝457$$

5 単位量あたりの大きさ

考え方・解き方

❶ 学級全体の合計は
$$162×20＋153×16＝5688（cm）$$
したがって　$5688÷(20＋16)＝158（cm）$

❷ $23×12＝276（kg）$

❸ (1) 国語・算数・理科の合計点数は
$$72×3＝216（点）$$
社会もふくめた 4 教科での平均が 75 点になる
には 4 教科の合計点数は $75×4＝300（点）$ 必
要。
したがって，社会は
$$300－216＝84（点）　とればよい。$$
(2) C の身長は 2 回数えられていることに注意。
$$\underbrace{148.2×3＋152.3×3}_{A,B,CとC,D,E}－\underbrace{149.4×5}_{A,B,C,D,E}$$
$$＝154.5（cm）$$

❹ A さんの点数は
$$(211－11×2)÷3＝63（点）$$
C さんはこれより 7 点高いので
$$63＋7＝70（点）$$

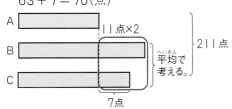

考え方・解き方

❶ なまり $930÷82＝11.3…$
銅 $610÷68＝8.9…$ より，なまりの方が重い。

❷ (1) 千葉県の人口密度は
$$6198000÷5156＝1202.0…（人）$$
(2) 人口÷面積＝人口密度だから，
人口＝人口密度×面積
大阪府の人口密度は千葉の 3.9 倍だから，人
口は　$1202×3.9×1897＝8892756.6$
$8892756.6 → 889 万 3 千人$

❸ (1) $15×33＝495（km）$
(2) $729÷15＝48.6（L）$

❹ (1) 1g あたりのねだんは
$$180÷300＝0.6（円）$$
520g では　$0.6×520＝312（円）$
(2) 1 本あたりの重さは　$120÷80＝1.5（g）$
980 本の重さは　$1.5×980＝1470（g）$
1g あたり 0.6 円だったから
$$0.6×1470＝882（円）$$

考え方・解き方

❶ (1) 問題数は全部で　$36×7＝252（問）$
はじめの 4 日間で解いたのは
$$30×4＝120（問）$$
$$(252－120)÷3＝44（問）$$
(2) A 君と B 君の平均が C 君より 300 円高いとは，
A 君と B 君のお金の和は C 君より
$300×2＝600（円）$ 高いということ。
A 君は C 君より 250 円多くもっているので，B

君は C 君より

600 － 250 ＝ 350（円）多くもっている。

したがって，C 君のお金は

2000 － 350 ＝ 1650（円）

(3) これまでの平均点より

92 － 72.5 ＝ 19.5（点）上回ったことで，

平均点は 74 － 72.5 ＝ 1.5（点）上がった。

19.5 ÷ 1.5 ＝ 13（回）

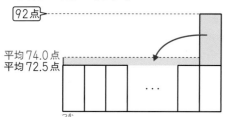

2 (1) ↑，↓ を使って

↑5…月曜より 5℃高い

↓5…月曜より 5℃低い　で表すと

表のようになる。したがって，2℃低い。

曜日	月	火	水	木	金	土
気温		↓3	↓1	↑1	↓1	↓2

(2)① 気温は次のようになる。したがって，火曜日

は 11℃。

月	火	水	木	金	土
14	11	13	15	13	12

② 平均は 10℃を仮の平均とするとよい。

10 ＋（4 ＋ 1 ＋ 3 ＋ 5 ＋ 3 ＋ 2）÷ 6 ＝ 13（℃）

3 50 個買うときのねだんは

2400 ＋ 110 ×（50 － 21 ＋ 1）＝ 5700（円）

このとき，1 個あたりの平均のねだんは

5700 ÷ 50 ＝ 114（円）

1 個あたりの平均のねだんを 100 円とすると，平

均を上回っている

（114 － 100）× 50 ＝ 700（円）を 1 個 90 円の

分でおぎなうことになる。

700 ÷（100 － 90）＝ 70（個）

…1 個 90 円で買う個数

50 ＋ 70 ＝ 120（個）

…全部の個数

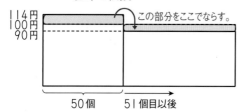

チャレンジテスト② の答え　55ページ

1 (1) B 町　　　　　(2) 20m³

2 48 人

3 (1) 3000 人　　　(2) 1800 人

(3) 16200 人

考え方・解き方

1 (1) A 町は　480 ÷ 24 ＝ 20（mm）

B 町は　200 ÷ 8 ＝ 25（mm）

(2) 100mm ＝ 10cm ＝ 0.1m

8 × 25 × 0.1 ＝ 20（m³）

2 費用は，25 人のとき　346 × 25 ＝ 8650（円）

32 人のとき　325 × 32 ＝ 10400（円）

会場費は人数に関係なく一定なので，費用の差

10400 － 8650 ＝ 1750（円）は，おやつ代の差

である。

32 － 25 ＝ 7 より，これは 7 人分のおやつ代であ

るから，

1 人分のおやつ代は　1750 ÷ 7 ＝ 250（円）

会場費は　8650 － 250 × 25 ＝ 2400（円）

1 人あたりの費用が 300 円になるのは，会場費が

1 人あたり 300 － 250 ＝ 50（円）になるときで

ある。

2400 ÷ 50 ＝ 48（人）

3 (1) A 市の人口密度は

112500 ÷ 450 ＝ 250（人）

B 市の人口密度が 250 人となるのは，人口が，

250 × 300 ＝ 75000（人）のとき。

よって　75000 － 72000 ＝ 3000（人）

(2) A 市と B 市を合わせて考えると，人口密度は

（112500 ＋ 72000）÷（450 ＋ 300）

＝ 246（人）

B 市の人口密度が 246 人になるのは人口が

246 × 300 ＝ 73800（人）のとき。

よって　73800 － 72000 ＝ 1800（人）

(3) 合ぺい前の C 町の人口を□人とする。

新 B 町の人口は

　(112500×0.08＋72000＋□)(人)

すなわち (81000＋□)(人)

新 B 市の面積(めんせき)は　300＋60＝360(km²)

より，面積は，合ぺい前の C 町の

　360÷60＝6(倍(ばい))

新 B 市の人口密度(みつど)が合ぺい前の C 町の人口密度

と等(ひと)しいとき，人口は，C 町の 6 倍になる。

　(81000＋□)人が□の 6 倍にあたるから

　□＝81000÷5

　　＝16200(人)

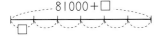

6 速　さ

❶ 時速(じそく) 54km

❷ 時速 4.8km

❸ (1) まさやさんが 37.5 分早(はや)く着く。

　(2) 4km

❹ (1) 時速 9km　　　(2) 時速 8km

　(3) 時速 8.4km

❺ (1) 125 回転(かいてん)　　(2) 240 回転

　(3) 歯車 A

考え方・解き方

❶ 8 時 30 分－8 時 26 分＝4 分

　3.6÷4＝0.9(km)…分速

　0.9×60＝54(km)…時速

❷ 1.2÷6＝0.2(時間)…行きにかかった時間

　1.2÷4＝0.3(時間)…帰りにかかった時間

　(1.2×2)÷(0.2＋0.3)＝4.8(km)

注意　(6＋4)÷2＝5(km)としてはだめ。往復(おうふく)
の道のりの和(わ)を，往復にかかった時間の和でわ
ること。

❸ (1) まさや…10÷4＝2.5　…2 時間 30 分

　かずや…10÷3.2＝3.125　…3 時間 7.5 分

　　　　　　　　　↑0.125 時間
　　　　　　　　　＝60×0.125 分＝7.5 分

　3 時間 7.5 分－2 時間 30 分＝37.5 分

(2) まさやは時速 4km なので，20km 歩くのに 5 時
間かかる。かずやは，5 時間では 3.2×5＝16
(km) 歩く。20－16＝4(km)

❹ (1) 1 時間は 20 分の 3 倍なので，3km の 3 倍で，
3×3＝9(km) より，1 時間に 9km 進む速さ。
すなわち時速 9km である。

(2) 1 時間は 30 分の 2 倍だから，4×2＝8(km)
1 時間に 8km 進む速さは，時速 8km である。

(3) A から C までの 7km を (20＋30) 分で走った
ことになる。7÷(20＋30)＝0.14(km) だか
ら，分速 0.14km で走った。これを時速になお
して，0.14×60＝8.4 より，時速 8.4km

❺ (1) 60÷12＝5…B の 1 分間の回転数

　5×25＝125(回転)

(2) 48÷8＝6…A の 1 分間の回転数

　288÷6＝48(分)　5×48＝240(回転)

(3) (1)，(2) より，A の方が速(はや)い。

❶ 15 分 45 秒(びょう)

❷ (1) 10.5 分　　　(2) 6 時 9 分

❸ (1) 10 分後　　　(2) 30 分後

❹ 2 分 30 秒

❺ (1) 1200m　　　(2) 3.2 分

考え方・解き方

❶ 1 分 30 秒＝1.5 分

　120÷1.5＝80(まい)

　　　…1 分間に印刷できるまい数

　420×3÷80＝15.75(分)

　60×0.75＝45(秒)

❷ (1) 1 週間＝7 日　90×7＝630(秒)

　630 秒＝10 分 30 秒＝10.5 分

(2) 日曜日の朝 6 時から土曜日の朝 6 時までは 6
日間。90×6＝540(秒)　540 秒＝9 分

　6 時＋9 分＝6 時 9 分

❸ (1) 2 人の分速を求(もと)めると

　はるか　4200÷60＝70(m)

　あゆみ　3600÷60＝60(m)

　2 人は 1 分で 10m の差(さ)がつく。

　　100÷10＝10(分)

(2) 12.6km＝12600m

　　はるかさんが目的地に着くのは

　　　12600÷70＝180（分後）

　　あゆみさんが目的地に着くのは

　　　12600÷60＝210（分後）

　　　210－180＝30（分）

❹ 電車の先頭が，トンネルの長さ分と電車の長さ分走ったときの道のりが，トンネルに入ってから通りぬけるまで走った道のりである。

先頭の走った道のりで考える

　1.95km＝1950m

　（1950＋150）÷14＝150（秒）

　150秒＝2分30秒

❺ (1) 妹の歩く速さを分速にすると，3km＝3000m

　　　3000÷60＝50より，分速50m

　　兄が出て8分かかっているから

　　　800＋50×8＝1200（m）

(2) 兄は1200mを8分で進んでいる。

　　兄の自転車の速さは1200÷8＝150より，

　　分速150m　150×2＝300（m）

　　兄が家を出るときの妹と兄の差800mを毎分

　　300－50＝250（m）ずつちぢめていくので，

　　　800÷（300－50）＝3.2（分）

チャレンジテストの答え　62ページ

❶ 7時間

❷ (1) 630m　　　(2) 毎分78m

❸ (1) 秒速20m　　(2) 80m

　　(3) 120m

❹ (1) 時速216km　(2) 420m

　　(3) 5秒

考え方・解き方

❶ A，Bが1時間に印刷するまい数は，

　　12000÷4＝3000…A

　　10000÷5＝2000…B　よって，

　　70000÷（3000×2＋2000×2）＝7（時間）

❷ (1) （930＋330）÷2＝630（m）

　　(2) 930－630＝300（m）…走った道のり

　　走った道のり300mを走らずに，はじめから最

後まで歩いていたら，300÷2＝150から，

10分間で進めた道のりは，150m少なくなる。

したがって，歩く速さで進むと，10分間で，

930－150＝780より　780m進めるので，

1分間に進む道のりは，780÷10＝78（m）

したがって，分速78m。

❸ (1) 960－480＝480，52－28＝24より，この列車は480mのトンネルを通りぬけるときより走る道のりが480m長くなると，かかる時間も24秒長くかかっている。

したがって，この列車は480mを24秒で走るので

　　480÷24＝20より秒速20m

(2) 列車の先頭部分がトンネルに入って最後尾が出るまでに走る道のりは，トンネルの長さに列車の長さを加えたもの。列車の速さは秒速20mなので，52秒では20×52＝1040より1040m走る。一方，列車は52秒で960mのトンネルを通りぬけるから，1040－960＝80（m）これが列車の長さである。

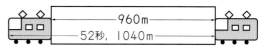

(3) 20－15＝5（m）列車と貨物列車との秒速の差は5m。40秒で，列車は貨物列車より，2つの列車の長さの和だけ多く進んでいる。

　　5×40＝200（m）

　　　　…列車の長さ＋貨物列車の長さ

列車の長さは80mだから

　　200－80＝120（m）

❹ (1) 330÷5.5＝60（m）…秒速

　　60×60×60＝216000（m）→216km

(2) 新幹線の先頭がホームにかかってから，新幹線の先頭がホームからはなれはじめるまでが7秒間だから，ホームの長さは，$60 \times 7 = 420$(m)

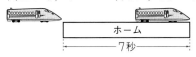

ホーム
―7秒―

(3) 新幹線の先頭がホームにかかってから，新幹線の最後尾がホームにかかるまでが5.5秒間だから，その間に進んだ長さが新幹線の長さである。

―5.5秒―
ホーム

$60 \times 5.5 = 330$(m)…新幹線の長さ
$60 \times 1.2 = 72$(m)…B号の秒速
2つの新幹線が出あってからはなれるまで，2つの新幹線の長さの和だけ進むことになるから，
$330 \times 2 \div (60 + 72) = 5$(秒)

7 分数の性質

確認テストの答え　65ページ

❶ 分数…$\frac{3}{4}$kg　　小数…0.75kg

❷ 分数…$\frac{12}{32}$m　　小数…0.375m

❸ (1)$\frac{45}{40}$倍　　(2)$\frac{40}{45}$倍

❹ $\frac{4}{9}$

❺ 2

考え方・解き方

❶ $3 \div 4 = \frac{3}{4}$(kg)，$3 \div 4 = 0.75$(kg)

❷ $12 \div 32 = \frac{12}{32}$(m)，$12 \div 32 = 0.375$(m)

注意 次のページで学ぶ約分をして
$\frac{12}{32} = \frac{3}{8}$ としてもよい。

❸ (1) $45 \div 40 = \frac{45}{40}$(倍)

(2) $40 \div 45 = \frac{40}{45}$(倍)

注意 約分して(1)$\frac{9}{8}$，(2)$\frac{8}{9}$ でもよい。

❹ 分数を小数になおして比べる。

$\frac{4}{9} = 4 \div 9 = 0.444\cdots$

$\frac{7}{15} = 7 \div 15 = 0.466\cdots$

$\frac{1}{3} = 1 \div 3 = 0.333\cdots$

大きい順にならべると，

$\frac{7}{15}$, 0.466, $\frac{4}{9}$, $\frac{1}{3}$, 0.3

知っておこう　分数と小数の大小を比べるときは，分数を小数になおして比べるとよい。

$\frac{\triangle}{\bigcirc} = \triangle \div \bigcirc$

❺ $\frac{7}{27} = 7 \div 27 = 0.259259\cdots$

小数第一位から2，5，9がくり返される。3つの数のくり返しだから，
$100 \div 3 = 33$ あまり1 より，2，5，9は33回くり返される。33回くり返しが終わったときは，$33 \times 3 = 99$　で小数第99位。
したがって，小数第100位は2となる。

確認テストの答え　67ページ

❶ (1)$\frac{10}{35}$　　(2)$\frac{9}{153}$

❷ とうもろこし，きゅうり，トマト，かぼちゃ，なす

❸ (1)最小…$\frac{9}{20}$，最大…$\frac{12}{20}$　(2)2つ

❹ はるかさん

❺ 7個

考え方・解き方

❶ (1) $\frac{2}{7}$ と大きさの等しい分数をならべると，

$\frac{4}{14}$, $\frac{6}{21}$, $\frac{8}{28}$, $\frac{10}{35}$, $\frac{12}{42}$, … これらの分数の中で分母と分子の和が45になるのは，$\frac{10}{35}$

(2) $\frac{1}{17}$ と大きさの等しい分数をならべると，

$\dfrac{1}{17}$, $\dfrac{2}{34}$, $\dfrac{3}{51}$, $\dfrac{4}{68}$, $\dfrac{5}{85}$, $\dfrac{6}{102}$, $\dfrac{7}{119}$,

$\dfrac{8}{136}$, $\dfrac{9}{153}$, … 分母から分子をひくと144

になるのは, $\dfrac{9}{153}$

別の考え方 本冊66ページの問題1の解き方

で解くと

(1) $2+7=9$, $45\div 9=5$ より $\dfrac{2\times 5}{7\times 5}=\dfrac{10}{35}$

(2) $17-1=16$, $144\div 16=9$ より

$\dfrac{1\times 9}{17\times 9}=\dfrac{9}{153}$

❷ 4と8と24と18と36の最小公倍数は72だから, 分母を72に通分する。

$\dfrac{1}{4}=\dfrac{18}{72}$, $\dfrac{1}{8}=\dfrac{9}{72}$, $\dfrac{5}{24}=\dfrac{15}{72}$, $\dfrac{5}{18}=\dfrac{20}{72}$,

$\dfrac{5}{36}=\dfrac{10}{72}$ 分子の大きい順にならべかえると,

$\dfrac{20}{72}$, $\dfrac{18}{72}$, $\dfrac{15}{72}$, $\dfrac{10}{72}$, $\dfrac{9}{72}$ だから,

$\dfrac{5}{18}$, $\dfrac{1}{4}$, $\dfrac{5}{24}$, $\dfrac{5}{36}$, $\dfrac{1}{8}$ の順である。

❸ (1) $\dfrac{2}{5}$ と $\dfrac{5}{8}$ を通分すると, $\dfrac{16}{40}$ と $\dfrac{25}{40}$

$\dfrac{16}{40}$ より大きく, $\dfrac{25}{40}$ より小さい分数で, 分母

が20となる分数は, $\dfrac{18}{40}=\dfrac{9}{20}$, $\dfrac{20}{40}=\dfrac{10}{20}$,

$\dfrac{22}{40}=\dfrac{11}{20}$, $\dfrac{24}{40}=\dfrac{12}{20}$ したがって, 最も小さ

いものは $\dfrac{9}{20}$, 最も大きいものは $\dfrac{12}{20}$

(2) 約分できないものは, $\dfrac{9}{20}$, $\dfrac{11}{20}$ の2つ。

❹ 1分間に走る道のりが長い方が早く着く。

$\dfrac{1}{6}$ と $\dfrac{7}{45}$ を通分して考える。

$\dfrac{1}{6}=\dfrac{15}{90}$, $\dfrac{7}{45}=\dfrac{14}{90}$ だから, $\dfrac{15}{90}$, つまり $\dfrac{1}{6}$ の

方が道のりが長いから, はるかさんの方が早く着く。

❺ $\dfrac{1}{7}=\dfrac{1\times 4}{7\times 4}=\dfrac{4}{28}$, $\dfrac{1}{5}=\dfrac{1\times 4}{5\times 4}=\dfrac{4}{20}$

だから, 分母が28より小さく, 20より大きい分数を求める。

$\dfrac{4}{27}$, $\dfrac{4}{26}$, $\dfrac{4}{25}$, $\dfrac{4}{24}$, $\dfrac{4}{23}$, $\dfrac{4}{22}$, $\dfrac{4}{21}$ の7個。

チャレンジテスト①の答え 68ページ

❶ ㋑, ㋒, ㋓

❷ 1.3

❸ (1) 16 (2) $\dfrac{10}{25}$

❹ (1) 11個 (2) 3個

❺ (1) 32個 (2) $2\dfrac{13}{16}\left(\dfrac{45}{16}\right)$

考え方・解き方

❶ $\dfrac{5}{8}=5\div 8=0.625$

$\dfrac{15}{24}=15\div 24=0.625$

知っておこう 分母と分子に同じ数をかけても, 分母と分子を同じ数でわっても, 分数の大きさは変わらない。

$\dfrac{\bigcirc}{\square}=\dfrac{\bigcirc\times\triangle}{\square\times\triangle}$ $\dfrac{\bigcirc}{\square}=\dfrac{\bigcirc\div\triangle}{\square\div\triangle}$

このことを使って,

$\dfrac{5}{8}$ の分母と分子に3をかけ

ると $\dfrac{15}{24}$ になるから,

$\dfrac{5}{8}$ と $\dfrac{15}{24}$ は大きさが等しい

と考えることもできる。

❷ 分数を小数になおして比べる。

$1\dfrac{1}{3}=\dfrac{4}{3}=4\div 3=1.333\cdots$

$1\dfrac{2}{7}=\dfrac{9}{7}=9\div 7=1.2857\cdots$

$\dfrac{7}{5}=7\div 5=1.4$

小さい順にならべると

$1\dfrac{2}{7}$, 1.3, $1\dfrac{1}{3}$, $\dfrac{7}{5}$, 1.5

❸ (1) 約分すると $\dfrac{2}{7}$ になる分数は, $\dfrac{2}{7}$ の分母と分子に同じ数をかけたものだから分母と分子の和も $7+2=9$ に同じ数をかけたものとなる。

$7+2=9$ $72\div 9=8$ だから, 求める分数は $\dfrac{2\times 8}{7\times 8}=\dfrac{16}{56}$

(2) 差の場合も同様に考える。約分すると $\frac{2}{5}$ になる数は

分母・分子を2倍　　分母・分子を3倍

$$\frac{2}{5}, \quad \frac{4}{10}, \quad \frac{6}{15}, \quad \cdots$$

┗分母－分子　　┗分母－分子　　┗分母－分子
　＝3　　　　　　＝6　　　　　　＝9
　　　　　　　　＝3×2　　　　　＝3×3

となるから差が $15(=3\times5)$ となるのは分母・

分子を5倍したときで，$\frac{2\times5}{5\times5}=\frac{10}{25}$ ←分母－分子＝15

4 (1) $\frac{1}{15}=\frac{4}{15\times4}=\frac{4}{60}$, $\frac{1}{12}=\frac{4}{12\times4}=\frac{4}{48}$

より $\frac{4}{59}, \frac{4}{58}, \frac{4}{57}, \cdots, \frac{4}{49}$ であるから

$59-49+1=11(個)$

(2) $0.2=\frac{1}{5}$　5と3と9の最小公倍数は45

$\frac{1}{5}$ と $\frac{2}{3}$ の間にある分母が45である分数は

$\left(\frac{1}{5}=\right)\frac{9}{45}, \frac{10}{45}, \cdots, \frac{28}{45}, \frac{29}{45}, \frac{30}{45}\left(=\frac{2}{3}\right)$

この中で，約分して分母が9になる分数は

$\frac{10}{45}=\frac{2}{9}, \frac{15}{45}=\frac{3}{9}, \frac{20}{45}=\frac{4}{9}, \frac{25}{45}=\frac{5}{9}$

このうち，これ以上約分できないものは

$\frac{2}{9}, \frac{4}{9}, \frac{5}{9}$ の3個

5 (1) $64=2\times2\times2\times2\times2\times2$　だから，分子が偶数のときに約分できる。よって，1〜63のうち，奇数は，$64\div2=32(個)$

(2) 分子が奇数で5の倍数である分数の和だから，

$\frac{5}{64}+\frac{15}{64}+\frac{25}{64}+\frac{35}{64}+\frac{45}{64}+\frac{55}{64}=\frac{180}{64}$

$=\frac{45}{16}=2\frac{13}{16}$

チャレンジテスト②の答え 69ページ

1 20個

2 (1) 4　　　　　　　(2) 312

3 (1) $\frac{5}{14}, \frac{9}{14}, \frac{11}{14}$　(2) $\frac{280}{630}$

4 (1) $\frac{18}{102}$　　　　　(2) 92

5 $\frac{860}{1505}$

考え方・解き方

1 $85=17\times5$　だから，分子が17か5の倍数のとき約分できる。

$84\div17=4$ あまり 16 より，17の倍数は4個

$84\div5=16$ あまり 4 より，5の倍数は16個

5と17の最小公倍数は85だから，この中にはふくまれない。よって　$16+4=20(個)$

2 (1) $\frac{1}{7}=0.142857142857142857\cdots$ と，小数第1位から1，4，2，8，5，7の6つの数のくり返しなので，小数第26位は

$26\div6=4$ あまり 2

よりくり返しの2番目の数。

したがって，4

(2) 小数第70位までには

$70\div6=11$ あまり 4

より，くり返し11回と1，4，2，8の4つがならぶ。したがって

$(1+4+2+8+5+7)$

$\qquad\times11+(1+4+2+8)=312$

3 (1) $\frac{1}{3}=\frac{5\times14}{3\times5\times14}=\frac{70}{210}$

$\frac{4}{5}=\frac{4\times3\times14}{3\times5\times14}=\frac{168}{210}$　だから，

$\frac{70}{210}$ より大きく，$\frac{168}{210}$ より小さい分数で，分母が14である数は

$\frac{3\times5\times5}{3\times5\times14}, \frac{3\times5\times6}{3\times5\times14}, \cdots, \frac{3\times5\times11}{3\times5\times14}$

このうち，分母が14で約分できないものは

$\frac{3\times5\times5}{3\times5\times14}=\frac{5}{14}, \frac{3\times5\times9}{3\times5\times14}=\frac{9}{14},$

$\frac{3\times5\times11}{3\times5\times14}=\frac{11}{14}$

(2) $(9 \times 4) \div (9 - 4) = 36 \div 5 = 7.2$
$504 \div 7.2 = 70$ だから，求める分数は
$$\frac{4 \times 70}{9 \times 70} = \frac{280}{630}$$

4 (1) $3 + 17 = 20$　$120 \div 20 = 6$ だから，求める

分数は　$\dfrac{3 \times 6}{17 \times 6} = \dfrac{18}{102}$

(2) 分母，分子に同じ数をたしたのだから，分母と
分子の差は，同じ数をたす前とたした後で同じ。

$29 - 7 = 22$　$11 - 9 = 2$　$22 \div 2 = 11$

よって，たした後の分数は　$\dfrac{9 \times 11}{11 \times 11} = \dfrac{99}{121}$

$99 - 7 = 92$

5 $7 + 4 = 11$　$7 - 4 = 3$　$11 - 3 = 8$

よって，分母と分子の和から分母と分子の差をひ
いた数は 8 の倍数である。$1720 \div 8 = 215$

求める分数は　$\dfrac{4 \times 215}{7 \times 215} = \dfrac{860}{1505}$

8 分数のたし算・ひき算

確認テストの答え　　74ページ

❶ (1) C のボトル　　(2) 2 本

❷ $7\dfrac{2}{5}$ m $\left(\dfrac{37}{5}\text{ m}\right)$

❸ $\dfrac{13}{60}$ 残っている。

❹ (1) 箱の方が $\dfrac{3}{40}$ kg 多い。

(2) $5\dfrac{13}{40}$ kg　　　(3) $4\dfrac{23}{40}$ kg

考え方・解き方

❶ (1) $\dfrac{3}{5}$, $\dfrac{1}{4}$, $\dfrac{5}{8}$ を分母を 40 にして通分する。

$\dfrac{3}{5} = \dfrac{24}{40}$, $\dfrac{1}{4} = \dfrac{10}{40}$, $\dfrac{5}{8} = \dfrac{25}{40}$

$\dfrac{25}{40} = \dfrac{5}{8}$ がいちばん多いから，C のボトルで
ある。

(2) $\dfrac{3}{5} + \dfrac{1}{4} + \dfrac{5}{8} = \dfrac{24}{40} + \dfrac{10}{40} + \dfrac{25}{40} = \dfrac{59}{40} = 1\dfrac{19}{40}$

だから，2 本

❷ たてと横は 2 つずつあるから

$24 \div 2 = 12$(m)

$12 - \dfrac{23}{5} = \dfrac{60}{5} - \dfrac{23}{5} = \dfrac{37}{5} = 7\dfrac{2}{5}$(m)

❸ 全体は 1 だから

$1 - \left(\dfrac{1}{4} + \dfrac{1}{5} + \dfrac{1}{3}\right) = 1 - \left(\dfrac{15}{60} + \dfrac{12}{60} + \dfrac{20}{60}\right) = \dfrac{13}{60}$

❹ 分数と小数のまじった計算では，小数を分数に
なおして計算する。

(1) $2.7 = 2\dfrac{7}{10} = 2\dfrac{28}{40}$　$2\dfrac{5}{8} = 2\dfrac{25}{40}$

よって，箱の方が多い。

$2.7 - 2\dfrac{5}{8} = 2\dfrac{28}{40} - 2\dfrac{25}{40} = \dfrac{3}{40}$(kg)

(2) $2\dfrac{5}{8} + 2.7 = 2\dfrac{25}{40} + 2\dfrac{28}{40} = 4\dfrac{53}{40}$

$= 5\dfrac{13}{40}$(kg)

(3) $2\dfrac{5}{8} - \dfrac{1}{4} = 2\dfrac{5}{8} - \dfrac{2}{8} = 2\dfrac{3}{8}$

$2.7 - 0.5 = 2.2$

$2\dfrac{3}{8} + 2.2 = 2\dfrac{15}{40} + 2\dfrac{8}{40} = 4\dfrac{23}{40}$(kg)

チャレンジテストの答え　　75ページ

❶ $\dfrac{17}{35}$ L

❷ $2\dfrac{17}{24}$

❸ 2 時間 2 分

❹ $1\dfrac{41}{110}$ m $\left(\dfrac{151}{110}\text{ m}\right)$

❺ 6

考え方・解き方

❶ $1.8 - \left(\dfrac{5}{7} + \dfrac{3}{5}\right) = \dfrac{18}{10} - \left(\dfrac{25}{35} + \dfrac{21}{35}\right) = \dfrac{9}{5} - \dfrac{46}{35}$

$= \dfrac{63}{35} - \dfrac{46}{35} = \dfrac{17}{35}$(L)

❷ かずまさんは，$\dfrac{29}{12} = 2\dfrac{5}{12}$ だから，整数部分以

外を比べて　$\dfrac{5}{12} < 0.5 < \dfrac{5}{8}$ だから

$\underset{\dfrac{5}{10}}{\Vert}$

大きい順に　$2\frac{5}{8}$,　2.5,　$\frac{29}{12}$

したがって

$$2\frac{5}{8} - \frac{29}{12} + 2.5$$

$$= 2\frac{5}{8} - 2\frac{5}{12} + 2\frac{1}{2}$$

（整数部分をまず計算。）

$$= \frac{5}{8} - \frac{5}{12} + 2\frac{1}{2} = \frac{15}{24} - \frac{10}{24} + 2\frac{12}{24}$$

$$= \frac{5}{24} + 2\frac{12}{24} = 2\frac{17}{24}$$

❸ $\frac{6}{5} + \frac{5}{6} = \frac{61}{30} = 2\frac{1}{30} = 2\frac{2}{60}$（時間）

よって，2 時間 2 分。

❹ $3.5 - \frac{7}{5} - \frac{8}{11} = \frac{35}{10} - \frac{7}{5} - \frac{8}{11}$

$$= \frac{385}{110} - \frac{154}{110} - \frac{80}{110} = \frac{151}{110} = 1\frac{41}{110}$（m）$

❺ 小さい順に A，B，C であるから，大きい順に

$\frac{1}{A}$, $\frac{1}{B}$, $\frac{1}{C}$ となる。

$\frac{1}{3} + \frac{1}{3} + \frac{1}{3} = 1$ となることから考える。

$\frac{1}{A} = \frac{1}{3}$ とすると，$\underline{\frac{1}{B} < \frac{1}{3}, \ \frac{1}{C} < \frac{1}{3}}$ より

──B＞3，C＞3 より

$$\frac{1}{A} + \frac{1}{B} + \frac{1}{C} < 1 \ となる。$$

A が 4 以上でも同様。また，$\frac{1}{A}$ は 1 より小さい

ので，A＝1 とはならない。したがって，A＝2

となって，$\frac{1}{A} = \frac{1}{2}$

これより　$\frac{1}{B} + \frac{1}{C} = 1 - \frac{1}{2} = \frac{1}{2}$

$\frac{1}{2} = \frac{1}{4} + \frac{1}{4}$ より

$\frac{1}{B}$ は $\frac{1}{4}$ より大きく，$\frac{1}{C}$ は $\frac{1}{4}$ より小さい。

$\frac{1}{B}$ は $\frac{1}{2}$ より小さいので，$\frac{1}{B} = \frac{1}{3}$

$\frac{1}{C} = \frac{1}{2} - \frac{1}{3} = \frac{1}{6}$

したがって　A＝2，B＝3，C＝6

これより　C＝6

9 四角形と三角形の面積

確認テストの答え	79 ページ
❶ (1) 6	(2) 7.2
❷ 6cm	
❸ (1) 8 cm	(2) 3.2 cm
❹ 42 cm²	

考え方・解き方

❶ 平行四辺形の面積＝底辺×高さ
　三角形の面積＝底辺×高さ÷2

(1) $9 \times 18 = 162$
　　$27 \times □ = 162$
　　　　$□ = 162 \div 27$
　　　　$□ = 6$

(2) $9 \times 12 \div 2 = 54$
　　$15 \times □ \div 2 = 54$
　　　　　$□ = 54 \times 2 \div 15$
　　　　　$□ = 7.2$

知っておこう　求める高さを□として面積の公式にあてはめるとよい。

❷ 直角三角形が長方形からはみ出した部分（㋐と㋑）と長方形が直角三角形からはみ出した部分（㋒）が等しいので，㋐＋㋑の面積を㋒に置きかえると，直角三角形の面積は長方形の面積に等しくなる。

直角三角形の面積は　$15 \times 8 \div 2 = 60$（cm²）

長方形のたての長さは　$60 \div 10 = 6$（cm）

❸ (1) 平行四辺形の面積から色のついた部分の面積をひくと，三角形 GBC の面積になる。

三角形 GBC の面積は

$6 \times 15 - 66 = 24$（cm²）

GC の長さは　$24 \times 2 \div 6 = 8$（cm）

(2) 面積が 24 cm² で高さが 15 cm の三角形の底辺の長さを求める。

$24 \times 2 \div 15 = 3.2$（cm）

❹

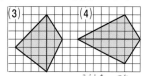

図のように，点 G を通って辺 AD と平行な直線 EF をひく。平行四辺形 EBCF と三角形 GBC は，底辺の長さが等しく高さも等しいから，三角形 GBC の面積は，平行四辺形 EBCF の面積の半分である。
同様に考えて，三角形 GAD の面積は，平行四辺形 AEFD の面積の半分である。
したがって，求める面積は，平行四辺形 ABCD の面積の半分である。

$12 \times 7 \div 2 = 42 (cm^2)$

確認テストの答え　**81**ページ

❶ (1) $20cm^2$　　(2) $24cm^2$
　(3) $21cm^2$　　(4) $24cm^2$
❷ 台形…$36cm^2$　　三角形…$18cm^2$
　平行四辺形…$48cm^2$
❸ $6cm$
❹ $6.4cm$
❺ $30cm^2$

考え方・解き方

❶ (3), (4)は，2 つの三角形に分けて考える。

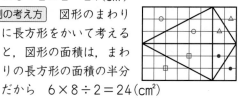

(1) 台形の面積を求める公式を使って
　$(4+6) \times 4 \div 2 = 20 (cm^2)$
(2) ひし形の面積を求める公式を使って
　$6 \times 8 \div 2 = 24 (cm^2)$
(3) $7 \times 4 \div 2 + 7 \times 2 \div 2 = 21 (cm^2)$
(4) $8 \times 3 \div 2 \times 2 = 24 (cm^2)$

別の考え方　図形のまわりに長方形をかいて考えると，図形の面積は，まわりの長方形の面積の半分だから　$6 \times 8 \div 2 = 24 (cm^2)$

知っておこう　不規則な形の四角形は
①公式の使える四角形や三角形に分割して求める
②大きな長方形から，いらない部分をひいて求める
などの方法を考える。
次の公式は必ず使えるようにしておこう。
台形の面積＝（上底＋下底）×高さ÷2
ひし形の面積＝対角線×対角線÷2

❷ 2 本の直線は平行だから，3 つの図形の高さはどれも 6cm である。
台形の面積　　$(5+7) \times 6 \div 2 = 36 (cm^2)$
三角形の面積　$6 \times 6 \div 2 = 18 (cm^2)$
平行四辺形の面積　$8 \times 6 = 48 (cm^2)$

❸ 台形の面積は，
　$(6+11) \times 7 \div 2 = 59.5 (cm^2)$
三角形 ABE の面積も $59.5cm^2$ だから，底辺の長さは　$59.5 \times 2 \div 7 = 17 (cm)$
したがって，CE の長さは　$17-11 = 6 (cm)$

❹ ひし形の面積の公式は，**対角線×対角線÷2** である。
もう 1 本の対角線の長さを□cm とすると，
　$20 \times □ \div 2 = 64$
　　　$□ = 64 \times 2 \div 20$
　　　$□ = 6.4$

❺ 四角形 ABCD の 4 つの頂点を通って対角線に平行な直線をひくと，対角線が垂直なので，長方形ができる。右の図の同じしるしの面積は等しいので，四角形の面積は長方形の面積のちょうど半分になる。

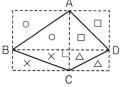

　$6 \times 10 \div 2 = 30 (cm^2)$

確認テストの答え　**83**ページ

❶ (1) $25m^2$　　(2) $176cm^2$
❷ (1) $30cm^2$　　(2) $48cm^2$
❸ (1) $29cm^2$　(2) $36cm^2$　(3) $23cm^2$
❹ $2.5cm^2$

考え方・解き方

❶ 白い部分をはしに寄せて考える。
　(1) $(7-2) \times 5 = 25(m^2)$
　(2) $(16-5) \times (24-8) = 176(cm^2)$

❷ 全体の面積から白い部分の面積をひく。
　(1) $12 \times (5+3) \div 2 - 12 \times 3 \div 2 = 30(cm^2)$

　　別の考え方　色のついた部分の面積は，5cmの辺を底辺とする2つの三角形の面積の和である。
　　この2つの三角形の高さの和が12cmだから
　　　$5 \times 12 \div 2 = 30(cm^2)$

　(2) $(3+5) \times (4+6) = 80(cm^2)$
　　　$8 \times 3 \div 2 + 5 \times 4 \div 2 + 6 \times 1 \div 2$
　　　$+7 \times 2 \div 2$
　　　$= 32(cm^2)$
　　　$80-32 = 48(cm^2)$

❸ 次の図のように分けて考えるとよい。

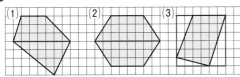

　(1) $(3+7) \times 3 \div 2 + 7 \times 4 \div 2 = 29(cm^2)$
　(2) $(4+8) \times 3 \div 2 \times 2 = 36(cm^2)$
　(3) 外にかいた正方形の面積は
　　　$6 \times 6 = 36(cm^2)$
　　　右の図で
　　　㋐　$2 \times 5 \div 2 = 5(cm^2)$
　　　㋑　$4 \times 1 \div 2 = 2(cm^2)$
　　　㋒　$2 \times 6 \div 2 = 6(cm^2)$
　　　$36-(5+2+6) = 23(cm^2)$

　　別の考え方　右の図のように1つの長方形と3つの三角形に分けて
　　　$5 \times 2 + 2 \times 5 \div 2 + 4 \times 1 \div 2 + 6 \times 2 \div 2 = 23(cm^2)$

❹ 外側の正方形の面積から4つの三角形の面積をひく。4等分しているので，点と点の間は
　　　$2 \div 4 = 0.5(cm)$
　　　$2 \times 2 = 4(cm^2)$
　　　$1.5 \times 0.5 \div 2 \times 4 = 1.5(cm^2)$
　　　$4-1.5 = 2.5(cm^2)$

チャレンジテスト①の答え　84ページ

❶ (1) 13cm² 　(2) 180cm²
❷ 2262m²
❸ 16.5cm²
❹ 4

考え方・解き方

❶ (1) 右の図のように2つの三角形に分けて考える。
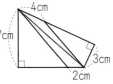
　　　$2 \times 7 \div 2 + 4 \times 3 \div 2$
　　　$= 13(cm^2)$
　(2) 長方形の面積から4つの白い三角形の面積をひく。
　　白い三角形は，4つの底辺の和が30cm，高さが8cmの半分だから，面積は
　　　$30 \times (8 \div 2) \div 2 = 60(cm^2)$
　　したがって　$8 \times 30 - 60 = 180(cm^2)$

❷ 右の図のように道の部分をはしに寄せて，平行四辺形の面積を求める。
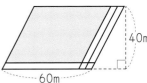
　　　$(60-2) \times (40-1) = 2262(m^2)$

❸ 三角形ウエオは，底辺の長さと高さが三角形アイウの半分である。三角形は，底辺が半分になると面積も半分になり，高さが半分になると面積も半分になる。
　　　$66 \div 2 \div 2 = 16.5(cm^2)$

❹ 右の図で，アとイの面積が等しいので，三角形ABEと台形ACDFの面積が等しくなる。
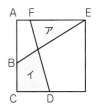
　　三角形ABEの面積は，
　　　$10 \times 6 \div 2 = 30(cm^2)$
　　台形ACDFの面積も30cm²だから
　　　$(2+\square) \times 10 \div 2 = 30$
　　　$(2+\square) \times 5 = 30$
　　　$2+\square = 30 \div 5$
　　　$2+\square = 6$
　　　$\square = 6-2$
　　　$\square = 4$

チャレンジテスト②の答え　85ページ

1 (1) 62.5cm²　(2) 60cm²
2 33.6cm²
3 (1) 6cm　(2) 8倍
4 30cm²

考え方・解き方

1 (1) 大きい長方形から１つの長方形と３つの三角形の面積をひく。

大きい長方形は，たてが　8＋7＝15（cm），横が　20＋5＝25（cm）　である。

大きい長方形の面積は
　　15×25＝375（cm²）

右の図で
㋐　25×15÷2
　　＝187.5（cm²）
㋑　20×7÷2
　　＝70（cm²）
㋒　7×5＝35（cm²）
㋓　5×8÷2＝20（cm²）
したがって
　　375－（187.5＋70＋35＋20）
　　＝62.5（cm²）

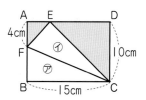

(2) 長方形 ABCD を，直線 CF を折り目として折った形だから，右の図の㋐と㋑の面積は等しくなる。

よって，色をつけた部分の面積は，長方形 ABCD から，㋐の２つ分の面積をひけばよい。

FB の長さは　10－4＝6（cm）
長方形ABCDの面積は　10×15＝150（cm²）
㋐　15×6÷2＝45（cm²）
したがって　150－45×2＝60（cm²）

2 三角形 ABC，三角形 DCE の高さは，三角形 ACD の AD を底辺と考えたときの高さと等しい。この高さを□ cm とおくと
　　10×□÷2＝8×6÷2
　　　　　□×5＝24
　　　　　□＝24÷5＝4.8
三角形 ABC と三角形 DCE の高さは 4.8cm だから，色をつけた部分の面積は
　　10×4.8÷2＋4×4.8÷2＝33.6（cm²）

3 (1) ひし形であるから，対角線が O で交わってできる４つの角はすべて 90°である。だから右の図の

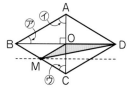

㋑は 60°で，AB＝BC だから，㋒も 60°
したがって，三角形 ABC は正三角形だから，AC も 6cm

(2) 三角形 OMD と三角形 OBM の底辺の長さと高さが等しいから，面積は等しい。

また，三角形 OBM と三角形 OMC の底辺の長さと高さが等しいから，面積は等しい。

三角形 OBC は三角形 OBM の面積の２倍で，ひし形 ABCD は三角形 OBC の面積の４倍だから，
　　2×4＝8（倍）

4 右の図のように考え，大きな長方形から，㋐，㋑，㋒の直角三角形をひく。

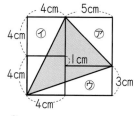

　　（4＋4）×（4＋5）
　　＝72（cm²）
㋐　5×5÷2＝12.5（cm²）
㋑　4×（4＋4）÷2＝16（cm²）
㋒　（4＋5）×3÷2＝13.5（cm²）
72－（12.5＋16＋13.5）＝30（cm²）

チャレンジテスト③の答え　86ページ

1 (1) 17.5cm²　(2) 52.5cm²
2 5
3 125cm²
4 (1) 42m　(2) 28m

考え方・解き方

1 (1) EC＝10÷2＝5（cm）より
　　5×7÷2＝17.5（cm²）

(2) 四角形 ABED をさらに２つの三角形㋐と㋑に分ける。

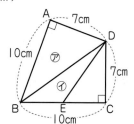

⑦　$10 \times 7 \div 2 = 35 (cm^2)$

⑦　$5 \times 7 \div 2 = 17.5 (cm^2)$

　$35 + 17.5 = 52.5 (cm^2)$

2 右の図で，ピンク色の
ついた部分が
　$10 \times 6 \div 2$
　$= 30 (cm^2)$
なので，黒い部分は
　$40 - 30 = 10 (cm^2)$
　$\square \times 4 \div 2 = 10$
　$\square \times 2 = 10$
　$\square = 10 \div 2$
　$\square = 5$

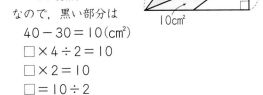

3 平行四辺形 ABFE と EFCD は，底辺が平行四辺
形 ABCD の底辺の半分なので，面積も半分になり，
　$20 \times 10 \div 2 = 100 (cm^2)$

右の図で，⑦は平
行四辺形 ABFE と
底辺と高さが等し
い。

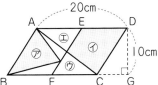

⑦＋エ＝⑦＋⑦
$= 100cm^2$ だから，エ＝⑦

また，AE＝FC＝10cm なので，エと⑦の高さは
等しい。よって，⑦の高さは　$10 \div 2 = 5 (cm)$

⑦　$100 \div 2 = 50 (cm^2)$

⑦　$10 \times 5 \div 2 = 25 (cm^2)$

⑦　$100 - 25 = 75 (cm^2)$

したがって　$50 + 75 = 125 (cm^2)$

4 (1)$1008 \div 2 = 504 (m^2)$
　BE の長さを□m とすると
　　$\square \times 24 \div 2 = 504$
　　$\square \times 12 = 504$
　　$\square = 504 \div 12$
　　$\square = 42$
(2)$1008 \div 3 = 336 (m^2)$
　BE の長さを□m とすると
　　$\square \times 24 \div 2 = 336$
　　$\square \times 12 = 336$
　　$\square = 336 \div 12$
　　$\square = 28$

10 百分率とグラフ

確認テストの答え　89ページ

❶ (1)0.12 倍　　　(2)12%

❷ 3 割 7 分 5 厘

❸ 46%

❹ 120%

❺ 20%

考え方・解き方

❶ 割合は比べられる量がもとにする量の何倍にあ
たるかを表した数である。だから，もとにする量
を 1 とみたときの比べられる量の大きさを表す数
といえる。

割合＝比べられる量÷もとにする量　で求めら
れる。

割合を百分率で求めるときは，まず小数で求めて，
百分率になおす。

(1)
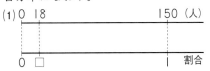

18 人が 150 人の何倍にあたるかを考える。

$18 \div 150 = 0.12 (倍)$

(2)$0.12 \times 100 = 12 (\%)$

❷ 割合を歩合で求めるときは，まず小数で求めて
歩合になおす。

$0.1 = 1$ 割，$0.01 = 1$ 分，$0.001 = 1$ 厘

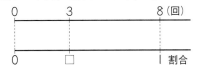

3 回が 8 回の何倍にあたるかを考える。

$3 \div 8 = 0.375$　より 3 割 7 分 5 厘

❸ 23 さつが 50 さつの何倍にあたるかを考える。

$23 \div 50 = 0.46$　より 46%

❹ 960 人が 800 人の何倍にあたるかを考える。

$960 \div 800 = 1.2$　より 120%

❺ 減少した人数が 1 日目の人数 170 人の何倍にあ
たるかを考える。

$170 - 136 = 34$

$34 \div 170 = 0.2$　より 20%

確認テストの答え　　91ページ

❶ 120g
❷ 480円
❸ 8m
❹ 60人
❺ 25回
❻ 150本

考え方・解き方

❶ 百分率で表された割合は，小数で表して考える。
比べられる量＝もとにする量×割合で求められる。80％は小数で表すと 0.8

150g の 0.8 倍だから　150×0.8＝120(g)

❷ 歩合で表された割合は，小数で表して考える。
6割は小数で表すと 0.6
貯金した金額の割合は　1－0.6＝0.4
1200 円の 0.4 倍だから
　1200×0.4＝480(円)

　別の考え方　使った金額は，1200 円の 6 割だから
　　1200×0.6＝720(円)
　よって，貯金した金額は
　　1200－720＝480(円)

❸ 花だん全体の面積は　10×16＝160(㎡)
この面積の 0.4 倍がチューリップを植える面積だから
　160×0.4＝64(㎡)
正方形の 1 辺を□ m とすると
　□×□＝64　　□＝8

❹ **もとにする量＝比べられる量÷割合**で求められる。30％は小数で表すと 0.3

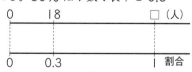

18 人は，バスの定員の 0.3 倍にあたる人数。
バスの定員を□人とすると
　□×0.3＝18
　　　□＝18÷0.3
　　　□＝60

❺ 13 回は，全試合数の 0.52 倍にあたる回数。
全試合数を□回とすると
　□×0.52＝13
　　　□＝13÷0.52
　　　□＝25

❻ 39 本は，仕入れたバラの (1－0.74) 倍にあたる数。仕入れたバラを□本とすると
　□×(1－0.74)＝39
　　　□＝39÷0.26
　　　□＝150

確認テストの答え　　93ページ

❶ 1380円
❷ 1800円
❸ 500円
❹ 4.2%
❺ (1) 16g　　　(2) 120g

考え方・解き方

❶ 原価と定価の関係は次の図のようになる。

原価を 1 とすると利益は 0.15 だから，定価は原価の (1＋0.15) 倍となる。
　1200×(1＋0.15)＝1380(円)

❷ 定価と代金の関係は次の図のようになる。

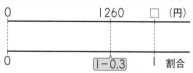

定価の 30％ 引きだから，代金は定価の(1－0.3)倍で，これが 1260 円だから，定価を□円とすると
　□×(1－0.3)＝1260
　　　□＝1260÷0.7
　　　□＝1800

❸ まず，売りねを求める。

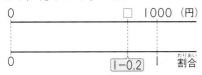

定価の 2 割引きだから，売りねは定価の
(1−0.2) 倍となる。
　1000×(1−0.2)＝800(円)
300 円の利益があったから，仕入れたねだんは，
　800−300＝500(円)

❹ 食塩水の濃度
　　＝食塩の重さ÷食塩水の重さ×100(%)
　　　　　　　　　　└── 食塩＋水

で求められる。
食塩の重さは，200g の 6% と 300g の 3% の
和だから
　200×0.06＋300×0.03＝21 (g)
食塩水の重さは　200＋300＝500(g)
したがって，濃度は
　21÷500×100＝4.2 より，4.2%

❺ (1)食塩の重さは，200g の 8% の重さだから，
　　200×0.08＝16(g)
(2)とけている食塩の量は変わらないから 16g で
　ある。これが水を加えたのちの食塩水の 5% に
　あたる。
　　水を加えたのちの食塩水の重さを□g とすると
　　　□×0.05＝16
　　　　　□＝16÷0.05
　　　　　□＝320
　　加える水の重さは　320−200＝120(g)

確認テストの答え　95 ページ

❶
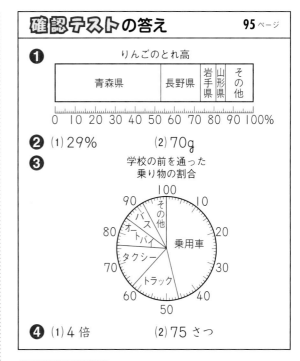

❷ (1)29%　　　　(2)70g

❸ 学校の前を通った
　乗り物の割合

❹ (1)4 倍　　　　(2)75 さつ

考え方・解き方

❶ 各県のとれ高の，合計（93 万 t）に対する割合
を求める。
青森県　　　　　　　　　　　　1/10 の位を四捨五入する。
　49÷93×100＝52.6…→ 53%
長野県
　19÷93×100＝20.4…→ 20%
岩手県
　7÷93×100＝7.5…→ 8%
山形県
　5÷93×100＝5.3…→ 5%
その他
　13÷93×100＝13.9…→ 14%
合計すると
　53＋20＋8＋5＋14＝100(%)
割合の多いものから順に，百分率にしたがって区
切っていく。「その他」はいちばん最後にかく。
知っておこう　百分率を求めるのに，わられる数
　　もわる数も万 t の単位で計算しても，百分率は
　　変わらない。
❷ (1)帯グラフの目もりを読む。炭水化物の右の線
　は 64%，左の線は 35% なので，炭水化物は
　　64−35＝29(%)
(2)グラフより，たんぱく質の割合は 35% なので
　　200×0.35＝70(g)
❸ それぞれの乗り物の台数の合計台数（340 台）

に対する割合を求める。

乗用車は　$160 \div 340 \times 100 = 47.0\cdots \rightarrow 47\%$

トラックは　$53 \div 340 \times 100 = 15.5\cdots \rightarrow 16\%$

タクシーは　$46 \div 340 \times 100 = 13.5\cdots \rightarrow 14\%$

オートバイは　$31 \div 340 \times 100 = 9.1\cdots \rightarrow 9\%$

バスは　$23 \div 340 \times 100 = 6.7\cdots \rightarrow 7\%$

その他は　$27 \div 340 \times 100 = 7.9\cdots \rightarrow 8\%$

合計すると,
　$47 + 16 + 14 + 9 + 7 + 8 = 101(\%)$
となり, 100% にならない。

このような場合は, 割合のいちばん大きい乗用車で調節して, 乗用車を 46% にしてグラフをかく。(「その他」で調節する場合もある。)

❹ (1)グラフより, まんが…32%, 伝記…8% だから
　$32 \div 8 = 4(倍)$

(2)グラフより, 物語の本の割合は 16%
　12 さつが 16% にあたるので, 100% あたりのさっ数は　$12 \div 0.16 = 75(さつ)$

🎯チャレンジテスト①の答え　96ページ

❶ 7.1%

❷ 20%

❸ 750 円

❹ (1) 200000 円　　(2) 70000 円
　(3) 1.4cm

❺ (1) 162 人　　(2) 27 人
　(3) 36 人

考え方・解き方

❶ 図に表すと次のようになる。

$(1 + 0.02) \times (1 + 0.05) = 1.071$
2 週間で 1.071 倍になったから, ね上げした割合は, $1.071 - 1 = 0.071$ より 7.1%

❷ 50cm の 32% にあたる長さは
　$50 \times 0.32 = 16(cm)$
0.8m＝80cm だから　$16 \div 80 = 0.2$ より 20%

❸ 量を 20% 増やすと
　$500 \times (1 + 0.2) = 600(g)$
　$4500 \div 600 \times 100 = 750(円)$

❹ (1)住宅費の割合はグラフより
　$65 - 45 = 20(\%)$
　40000 円が 20% にあたるので, 100% あたりの支出は　$40000 \div 0.2 = 200000(円)$

(2)食費は 35% なので
　$200000 \times 0.35 = 70000(円)$

(3)その他の割合はグラフより
　$100 - 65 = 35(\%)$
全体の 35% のうちの 20% が通信費だから,
　$0.35 \times 0.2 = 0.07$ より,
通信費は全体の 0.07 にあたる。
帯グラフの全体の長さが 20cm なので
　$20 \times 0.07 = 1.4(cm)$

❺ (1)女子の人数は　$540 \times 0.35 = 189(人)$
　男子の人数は　$540 - 189 = 351(人)$
　$351 - 189 = 162(人)$

(2)1, 2 年生の人数…$540 - 180 = 360(人)$
　1, 2 年生の女子…$360 \times 0.45 = 162(人)$
　3 年生の女子…$189 - 162 = 27(人)$

(3)全学年の女子が $540 \times 0.5 = 270(人)$ より, 270 人になればよいから, 来年の 1 年生の女子の人数は, $270 - 162 = 108(人)$
来年の 1 年生の男子は　$180 - 108 = 72(人)$
したがって, $108 - 72 = 36(人)$ より, 女子は男子より 36 人多ければよい。

🎯チャレンジテスト②の答え　97ページ

❶ 1200 人

❷ 4800 円

❸ 8%

❹ (1) 20%　　(2) 35m²　　(3) 2 倍

❺ (1) 65 才以上の年代
　(2) 265 万人
　(3) 1.2 から 2.0 に変化した。

考え方・解き方

1 図に表すと次のようになる。

$$(1＋0.3)×(1－0.15)＝1.105$$

3日目は初日の1.105倍の入館者数で，増えた割合は　1.105－1＝0.105
126人が初日の人数の0.105にあたるので，初日の人数は
$$126÷0.105＝1200(人)$$

2 まず，原価をもとにして売りねを求める。

原価の2割の利益を得るのは，売りねが原価の(1＋0.2)倍のときだから
$$2400×(1＋0.2)＝2880(円) …売りね$$
次に定価を求める。

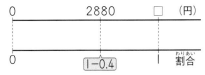

定価の4割引きというのは，定価の(1－0.4)倍のことで，これが2880円なので
$$2880÷(1－0.4)＝4800(円)$$

3 あとからできた食塩水の食塩の重さ
$$(200＋10＋50)×0.1＝26(g)$$
もとの食塩水の食塩の重さ　26－10＝16(g)
もとの食塩水は200gだから
$$16÷200×100＝8 より8％$$

4 (1) 20÷100＝0.2 より20％

(2) ナスとネギを植えた
残りは
$$1－(0.3＋0.2)$$
$$＝0.5$$
この70％(0.7倍)がキュウリ畑だから
$$100×(0.5×0.7)＝35(m^2)$$

30%	20%	残り	
ナス	ネギ	キュウリ	トマト
		70%	30%

(3) トマト畑は，全体の
$$0.5×0.3＝0.15 より15％$$
$$30÷15＝2(倍)$$

5 (1) 65才以上の年代が18％から26％と，最も割合が増えている。

(2) 2000年の0～14才の人口は
$$12600×0.15＝1890(万人)$$
2015年の0～14才の人口は
$$12500×0.13＝1625(万人)$$
なので，1890－1625＝265(万人)減った。

(3) 2000年の65才以上の人口は
$$12600×0.18＝2268(万人)$$
2015年の65才以上の人口は
$$12500×0.26＝3250(万人)$$
なので，0～14才の人口を1としたとき，65才以上の人口の割合はそれぞれ
2000年：2268÷1890＝1.2
2015年：3250÷1625＝2
となる。
帯グラフに書かれている割合のもとにしているもの(総人口)と，ここで求めようとしている割合のもとにしているもの(0～14才の人口)とはことなっていることに注意。

チャレンジテスト③の答え　98ページ

1 (1) 4400円　(2) 1割2分
(3) 14000円
2 240人
3 (1) 7.5％　(2) 18％
(3) 17.5％
4 (1) 28％　(2) 23％
(3) 1100人

考え方・解き方

1 (1)

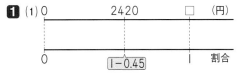

定価の45％引きというのは，定価の(1－0.45)倍のことで，これが2420円なので
$$2420÷(1－0.45)＝4400(円)$$

(2) 定価は　1500×(1＋0.4)＝2100(円)
売りねは　2100×(1－0.2)＝1680(円)
利益は　1680－1500＝180(円)

180 円が 1500 円の何倍にあたるかを求める。

180÷1500＝0.12 より 1 割 2 分

(3) 定価で売った品物の売り上げ金額は

100×(1＋0.2)×(1000÷2)
＝60000(円)

1 割引きで売った品物の売り上げ金額は

100×(1＋0.2)×(1－0.1)×(1000÷2)
＝54000(円)

仕入れねは 100×1000＝100000(円)

したがって，利益は

60000＋54000－100000＝14000(円)

2 男子の割合は 1－0.55＝0.45

女子と男子の割合の差は 0.55－0.45＝0.1

女子と男子の人数の差が 24 人なので，全体の人数は 24÷0.1＝240(人)

3 濃度＝食塩の重さ÷食塩水の重さ×100(%)

└─ 食塩＋ま水

12% の食塩水 150g 中の食塩の重さをまず求めておく。

12%＝0.12 150×0.12＝18(g) …食塩

(1) 18÷(150＋90)×100＝7.5 より，7.5%

(2) 18÷(150－50)×100＝18 より，18%

(3) (18＋10)÷(150＋10)×100＝17.5 より，17.5%

└─ 全体の重さも 10g 重くなるので 10 をたしわすれないようにする

4 (1) 円の中心のまわりの角は 360° だから，126°が 360° の何 % にあたるかを求める。

126÷360＝0.35…女子の割合

0.35×0.8＝0.28 より 28%

(2) 市外に住んでいる女子の割合は

35－28＝7(%)

市外に住んでいる男子の割合は

30－7＝23(%)

(3) 全生徒の 23% が市外に住んでいる男子で，これが 253 人だから 253÷0.23＝1100(人)

11 正多角形と円周の長さ

確認テスト① の答え 102 ページ

1 (1) 50.24cm (2) 125.6cm

(3) 10.28cm (4) 56.52cm

2 6.28m

3 12cm

4 約 133 回転

考え方・解き方

1 円周＝直径×3.14

(1) 5×2＝10(cm)，3×2＝6(cm) より，直径が 10cm と 6cm の 2 つの円の円周の和を求める。円周の長さは，直径×3.14 だから，

10×3.14＋6×3.14＝(10＋6)×3.14
＝16×3.14＝50.24(cm)

知っておこう 計算のきまりを使ってまとめて計算すると，速く，まちがいも少なく計算できる。

(2) 上の半円と下の半円 2 つ分の曲線部分の和を求める。下の 2 つの半円を合わせると，1 つの円になる。

上の半円 40×3.14÷2＝62.8(cm)

下の円 40÷2＝20(cm)…直径

20×3.14＝62.8(cm)

合わせて 62.8×2＝125.6(cm)

（これは大きい円の円周に等しい。）

(3) 曲線部分と直線部分の和を求める。左と右の 2 つの半円を合わせると，1 つの円になる。

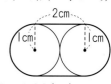

曲線部分 1×2×3.14＝6.28(cm)

直線部分 2×2＝4(cm)

合わせて 6.28＋4＝10.28(cm)

(4) 小さい半円 2 つ分の円周と，大きい円の円周の $\frac{1}{4}$ の和を求める。半円を 2 つ合わせると，1 つの円になる。

半円 2 つ分 12×3.14＝37.68(cm)

円の $\frac{1}{4}$ 12×2×3.14÷4

＝18.84(cm)

合わせて 37.68＋18.84＝56.52(cm)

❷ 外側の円周と内側の円周の差を求める。
   (500 ＋ 2) × 3.14 − 500 × 3.14
 ＝ 502 × 3.14 − 500 × 3.14
 ＝ (502 − 500) × 3.14
 ＝ 2 × 3.14 ＝ 6.28(m)

❸ 直径＝円周÷3.14　だから
   75.36 ÷ 3.14 ＝ 24(cm)
 したがって，半径は　24 ÷ 2 ＝ 12(cm)

❹ 車輪が 1 回転すると，車輪の円周の長さだけ進む。単位を m になおすと，50cm ＝ 0.5m
 よって，1 回転して進むきょりは，
   0.5 × 3 ＝ 1.5(m)　　200 ÷ 1.5 ＝ 133.3…
 小数第一位を四捨五入すると，約 133 回転

確認テスト② の答え　　103 ページ

❶ (1) 62.8cm　　　(2) 28.56cm
   (3) 36.56cm　　(4) 36.84cm
❷ (1) 正八角形　　(2) 45°
   (3) 135°　　　　(4) 1080°
❸ (1) 正三角形　　(2) 正五角形
   (3) 正十八角形

考え方・解き方

❶ (1) 10 × 2 × 3.14 ＝ 62.8(cm)
   (2) 8 × 2 × 3.14 ÷ 4 ＋ 8 × 2 ＝ 28.56(cm)
   (3) 12 × 2 × 3.14 ÷ 6 ＋ 12 × 2 ＝ 36.56(cm)
   (4) 9 × 2 × 3.14 ÷ 3 ＋ 9 × 2 ＝ 36.84(cm)

❷ (2) 360° ÷ 8 ＝ 45°
   (3) 右の図のように，各頂点と中心を結ぶと二等辺三角形ができる。イは○ 2 つ分。
      (180° − 45°) ÷ 2 × 2 ＝ 135°
   (4) (3)と正八角形であることから
      135° × 8 ＝ 1080°

      別の考え方　正八角形の内角の和は
      180° × (8 − 2) ＝ 1080°

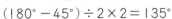

❸ ❷ の考え方より，○ 2 つ分が問題文中の 1 つの角の大きさである。
 となり合う 2 頂点と中心を結んでできる二等辺三角形の頂角（図の×印の角）の大きさを求める。

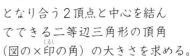

 (1) 180° − 60° ÷ 2 × 2 ＝ 120°…頂角 ×
                └─○ 1 つ分
   360° ÷ 120° ＝ 3
   円の中心のまわりの角を 3 等分しているので正三角形である。
 (2) (1)と同様に
   180° − 108° ÷ 2 × 2 ＝ 72°…頂角 ×
   360° ÷ 72° ＝ 5
   円の中心のまわりの角を 5 等分しているので正五角形である。
 (3) 180° − 160° ÷ 2 × 2 ＝ 20°…頂角 ×
   360° ÷ 20° ＝ 18
   円の中心のまわりの角を 18 等分しているので正十八角形である。

 別の考え方　どんな多角形でも外角の和は 360° である。
 正多角形のすべての外角の角度は同じである。

 (1) 180° − 60° ＝ 120°
   360° ÷ 120° ＝ 3
   外角は 3 つなので，正三角形。
 (2) 180° − 108° ＝ 72°
   360° ÷ 72° ＝ 5 より，正五角形。
 (3) 180° − 160° ＝ 20°
   360° ÷ 20° ＝ 18 より，正十八角形。

チャレンジテスト① の答え　　104 ページ

❶ (1) 18.84cm　　(2) 31.4cm
   (3) 75.36cm　　(4) 56.52cm
❷ 22.5°
❸ 50cm²

考え方・解き方

1 (1) 半径 6cm，中心角 90°のおうぎ形の曲線部分
2 つ分だから

$$6 \times 2 \times 3.14 \div 4 \times 2$$
$$= 6 \times 2 \div 4 \times 2 \times 3.14$$
$$= 6 \times 3.14$$
$$= 18.84 \text{(cm)}$$

(2) 直径 10cm，中心角 90°のおうぎ形の曲線部分
4 つ分だから

$$10 \times 3.14 \div 4 \times 4 = 31.4 \text{(cm)}$$

(3) 直径 12cm の半円の曲線部分 4 つ分だから

$$12 \times 3.14 \div 2 \times 4$$
$$= 12 \div 2 \times 4 \times 3.14$$
$$= 24 \times 3.14$$
$$= 75.36 \text{(cm)}$$

(4) 直径が $6 \times 2 = 12$(cm) の半円の曲線部分 2 つ
分と，直径が 6cm の半円の曲線部分 2 つ分だ
から

$$12 \times 3.14 \div 2 \times 2 + 6 \times 3.14 \div 2 \times 2$$
$$= (12 \div 2 \times 2 + 6 \div 2 \times 2) \times 3.14$$
$$= (12 + 6) \times 3.14$$
$$= 18 \times 3.14$$
$$= 56.52 \text{(cm)}$$

2 右の図のように頂点を結ぶ
と二等辺三角形ができる。
この二等辺三角形の頂角あの
大きさは
$$360° \div 8 \times 3 = 135°$$
したがって，アの角度は
$$(180° - 135°) \div 2 = 22.5°$$

3 円の直径を□cm とおくと

$$□ \times 3.14 = 31.4 \text{ より} \quad □ = 10$$
$$10 \times 10 \div 2 = 50 \text{(cm}^2)$$

知っておこう 対角線の長さだけがわかっている
正方形の面積は，2 本の対角線の長さが等しい
ひし形とみなして

対角線×対角線÷2 で求める。

チャレンジテスト②の答え 105 ページ

1 (1) 75.36cm (2) 30.84cm
(3) 47.1cm
2 (1) 28.84cm (2) 22.5cm²
3 37.68cm

考え方・解き方

1 (1) 直径 8cm と直径 6cm の半円 2 つ分の曲線部
分と直径 10cm の円周を合わせたもの。

$$8 \times 3.14 \div 2 \times 2 + 6 \times 3.14 \div 2 \times 2$$
$$+ 10 \times 3.14$$
$$= (8 + 6 + 10) \times 3.14 = 75.36 \text{(cm)}$$

(2) 半径 6cm，中心角 90°のおうぎ形の曲線部分 2
つと正方形の辺 2 本分である。

$$360° \div 90° = 4 \text{ より，このおうぎ形は円の}$$
$$\frac{1}{4} \text{ だから}$$

$$6 \times 2 \times 3.14 \div 4 \times 2 + 6 \times 2$$
$$= 6 \times 2 \div 4 \times 2 \times 3.14 + 12$$
$$= 6 \times 3.14 + 12$$
$$= 30.84 \text{(cm)}$$

(3) 半径 10cm，中心角 90°のおうぎ形の曲線部分
1 つと，半径 5cm の半円の曲線部分 2 つ分だか
ら

$$10 \times 2 \times 3.14 \div 4 + 5 \times 2 \times 3.14$$
$$\div 2 \times 2$$
$$= (10 \times 2 \div 4 + 5 \times 2 \div 2 \times 2) \times 3.14$$
$$= (5 + 10) \times 3.14$$
$$= 15 \times 3.14 = 47.1 \text{(cm)}$$

2 (1) 正五角形の 1 つの外角の大きさは

$$360° \div 5 = 72°$$

したがって，5 つのおうぎ形の中心角の大きさ
はすべて 72°で，$360° \div 72° = 5$ より，円の
$\frac{1}{5}$，半径はそれぞれ小さい順に

1cm, 2cm, 3cm, 4cm, 5cm となるから

$$1 \times 2 \times 3.14 \div 5 + 2 \times 2 \times 3.14 \div 5$$
$$+ 3 \times 2 \times 3.14 \div 5 + 4 \times 2 \times 3.14 \div 5$$
$$+ 5 \times 2 \times 3.14 \div 5 + \underline{1 \times 5 + 5}$$
　　　　　　　　　　　　　└─直線部分

$$= (1 \times 2 + 2 \times 2 + 3 \times 2 + 4 \times 2 + 5 \times 2)$$
$$\times 3.14 \div 5 + 10$$
$$= (2 + 4 + 6 + 8 + 10) \times 3.14 \div 5 + 10$$
$$= 30 \times 3.14 \div 5 + 10$$

$=30 \div 5 \times 3.14 + 10 = 6 \times 3.14 + 10$
$=18.84 + 10 = 28.84$(cm)

(2) 図の四角形
ABCD は正方形
DCEF と合同な
正方形。また, 図
のア, イ, ウ, エ
も合同な三角形。
したがって, 正

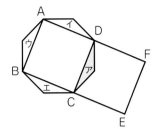

八角形と正方形の面積の差が 90cm² であると
きはアの 4 個分が 90cm² になるとき。したがっ
て, 色の部分アの面積は

$90 \div 4 = 22.5$ （cm²)

3 A の動いたあとは
右の図のようになる。
したがって, 半径
3cm で中心角が
120°, 240° のもの
がそれぞれ 2 つ分だ
から半径 3cm の円
周 2 つ分だから

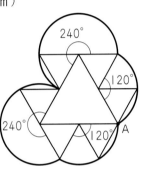

$3 \times 2 \times 3.14 \times 2 = 37.68$(cm)

└─ 中心角 120° と中心角 240° の
おうぎ形を合わせると円になる。

チャレンジテスト③の答え　106ページ

1 42.26cm

2 92.82cm

3 (1) 514.2cm　　(2) 125.6cm

考え方・解き方

1 半径 8cm, 中心角 135° のおうぎ形の曲線部分
と, 半径 4cm, 中心角 135° のおうぎ形の曲線部
分と, 7cm の直線部分 2 つを合わせたもの。
135° は, 45° × 3 = 135°,
45° は 360° ÷ 45° = 8 より

360° の $\frac{1}{8}$ だから, 135° は $\frac{1}{8}$ の 3 つ分。したが

って　$8 \times 2 \times 3.14 \div 8 \times 3$
　　$+ 4 \times 2 \times 3.14 \div 8 \times 3 + 7 \times 2$
$= (8 \times 2 \div 8 \times 3 + 4 \times 2 \div 8 \times 3)$
　　　　　　　　　　　　$\times 3.14 + 14$
$= (6 + 3) \times 3.14 + 14 = 9 \times 3.14 + 14$
$= 28.26 + 14 = 42.26$(cm)

2 小さい正方形の面積は
　　$(12 + 5) \times (12 + 5) - 12 \times 5 \div 2 \times 4$
　$= 17 \times 17 - 120$
　$= 169$(cm²)
また, この小さい正方形の面積は円の直径を使っ
て, 直径×直径 と表される。
$169 = 13 \times 13$ だから, 直径は 13cm
したがって, まわりの長さは
　　$13 \times 4 + 13 \times 3.14$
　$= 13 \times (4 + 3.14)$
　$= 92.82$(cm)

知っておこう　2 回同じ整数をかけてできる数を
平方数 という。
$11 \times 11 = 121$, $12 \times 12 = 144$,
$13 \times 13 = 169$, $15 \times 15 = 225$,
$25 \times 25 = 625$ などは知っておくとよい。

3 (1) 円の中心のえが
く線は右の図の
ようになる。
直線部分の長さ
の合計は
　$(30 - 15 \div 2)$
　　$\times 16 + 15 \times 4$
　$= 420$(cm)

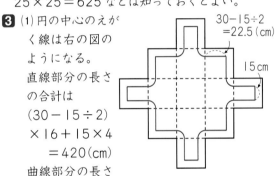

曲線部分の長さ
の合計は

直径 15cm の円の円周の $\frac{1}{4}$ が 8 つ分だから

　$15 \times 3.14 \div 4 \times 8 = 94.2$(cm)
合わせて
　$420 + 94.2 = 514.2$(cm)

(2) 円の中心のえが
く線は右の図の
ようになり, 半
径 30cm,
中心角 30° の
おうぎ形の曲線
└─ 円の $\frac{1}{12}$
部分 8 つ分にあ
たるので

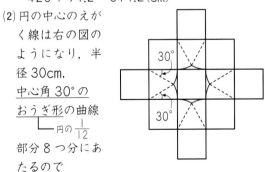

　$30 \times 2 \times 3.14 \div 12 \times 8$
　$= 30 \times 2 \div 12 \times 8 \times 3.14$
　$= 40 \times 3.14$
　$= 125.6$(cm)

12 角柱と円柱

確認テスト①の答え   110ページ

❶ あ…5　　　い…9　　　う…6
　　え…8　　　お…15　　　か…10
　　き…8　　　く…18

❷ (1)四角柱　　　　(2)12cm
　　(3)面い　　　　　(4)7cm

❸ (1)

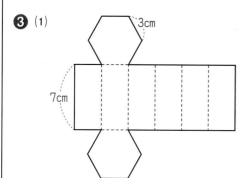

　(2)

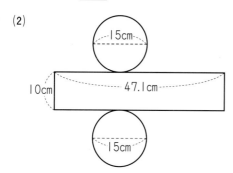

❹ ①　たて，横，高さがそれぞれ3cm，3cm，
　　5cmの四角柱

　　②　底面が1辺3cmの正三角形で，高さが
　　3cmの三角柱

　　③　底面が1辺3cmの正三角形で，高さが
　　5cmの三角柱

　　④　底面が，3辺がそれぞれ3cm，5cm，
　　5cmの二等辺三角形で，高さが3cmの三
　　角柱

考え方・解き方

❶ 実際に見取図をかいて，面や辺や頂点の数を調
べてみよう。

〔三角柱〕　〔四角柱〕　〔五角柱〕　〔六角柱〕

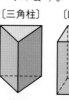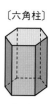

面の数は，（底面の辺の数）＋2
辺の数は，（底面の辺の数）×3
頂点の数は，（底面の辺の数）×2
になっている。

❷ (1)側面が長方形，底面が台形(四角形)なので，こ
の立体は四角柱である。

(2)側面の長方形のたての長さ12cmがこの立体
の高さになる。

(3)展開図を組み立てると，辺EFと辺BAが重な
り，辺CDと辺EFが平行なので，面えと面い
は平行である。

(4)辺ABと辺FEは重なり，辺FE＝7cmだから，
辺AB＝7cm

❸ (1)底面になる正六角形のまわりの長さが18cm
なので，正六角形の1辺の長さは3cmである。

(2)円柱の展開図で，側面は長方形になる。長方形
の1辺は円柱の高さ，もう1辺は底面の円周の
長さと同じになる。
　側面の横＝15×3.14＝47.1（cm）

❹ 厚紙を組み合わせてできる立体は，次のように，
四角柱，三角柱(3種類)の4種類である。

〔四角柱〕

〔三角柱〕

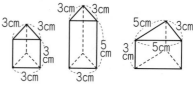

確認テスト②の答え　111ページ

❶ (1) 正六角柱　　　(2) 面え

(3) 面き，面く

(4) 辺 QG

(5) 辺 AB（辺 MN），辺 CD

❷
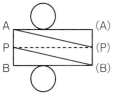

（答えに(A),(P),(B)は書かなくてもよい。）

❸ 360cm²

考え方・解き方

❶ 下の図のような立体になる。

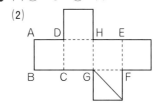

(1) 底面の辺の長さはすべて
　等しいので正六角柱。

(2) 正六角柱では向かい合う
　面が平行になる。

(3) 底面を2つとも答える。

(4) G を中心に面きを回転させて考えると E と Q
　が重なることがわかる。

(5) O は C に，P は A に重なる。辺 AC と垂直に
　交わるのは辺 AB と辺 CD

❷ 上の図の A と(A)，B と(B)，P と(P) は重なる
　ことに注意。1周目で A から P，2周目で P から
　B にひく。

❸ 展開図は下の通り。

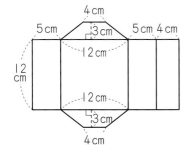

底面は台形だから

　(4＋12)×3÷2＝24(cm²)

側面は横の長さが台形のまわりの長さとなる長方
形だから

　12×(5＋12＋5＋4)＝312(cm²)

底面は2つあることに注意して

　24×2＋312＝360(cm²)

チャレンジテスト①の答え　112ページ

1 (1) 辺 BC，辺 HI，辺 LK

(2) 辺 BH，辺 EK

(3) 正方形

(4) 面 ABCDEF，面 GHIJKL

2 (1) 頂点 G，頂点 I

(2) ②，⑥

3 (1) ①…C　②…A

(2)
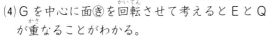

考え方・解き方

1 (1) 右の色で示した4つの
　辺はたがいに平行になる。
　したがって，辺 BC，辺
　HI，辺 LK が答えになる。

(2) BE と垂直に交わる辺は，この立体の高さにあ
　たる辺 BH，辺 EK だけである。

(3) 正六角形であるので，BE も HK も 6cm になる。
　また，BE，HK と辺 BH，辺 EK は垂直である。
　したがって，切り口の四角形 BHKE は正方形で
　ある。

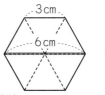

(4) 側面はどれも，面 BHKE と垂直にはならない。
　底面の2面は垂直である。

注意 (3)は，長方形と答えてしまいがちであるが，
長さの関係から正方形になる。このような問題
では，どんな長さになるかにも注意をはらう必
要がある。

2 (1) 面⑭BCN を辺BC
と辺DC が重なるよ
うに回転させると
図のようになる。
よって，頂点⑭と重
なる頂点は，頂点G
と頂点Iである。

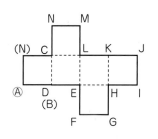

(2) ②は，面⑤と面⑩が重なるので，立方体ができ
ない。
⑥は，面⑩と面⑩が重なるので，立方体ができ
ない。

② 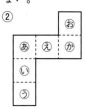　⑥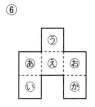

3 (1) 展開図を組み立てる，と
中の図をかくと，右の図
のようになる。よって，①
はCと，②はAと重なる。

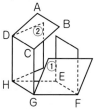

(2) 頂点Bと重なる頂点にB
を記入すると，BとGを
結ぶことができる面は下の図のようになる。

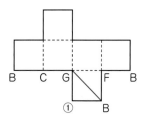

チャレンジテスト②の答え　113ページ

1 44

2 (1)① ②

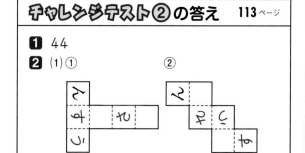

(2)① 21cm　② 21cm

3 (ア)，(カ)

考え方・解き方

1 さいころの向かい合う面の数の和が7だから，
上のさいころは，7×2＋1＝15
左のさいころは，7＋2＋3＝12
右のさいころは，7＋2＋3＝12
かくれているさいころは，向こう側の2面が見え
ている。
左と右のさいころと同じ目の数を合わせていて，
向かい合う面の数の和が7だから，見える2面
は，
　3→4→4→3，2→5→5→2
となって，3と2だから，3＋2＝5
よって，15＋12＋12＋5＝44

2 (1)①

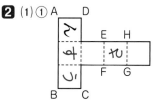

ABCD の面が側面となるので，「ん」と同じ向
きに「す」「う」が入る。もう1つの側面にな
るのは面EFGH であり，「んすう」とはさかさ
に「さ」が入る。
② 展開図の左上の面と右下の面を90°回転さ
せ，側面4つに「さんすう」の文字を1列にな
るよう入れると図のようになり，これをもとに
もどすと解答のようになる。

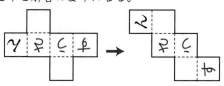

(2) 辺と辺が重なる部分をセロハンテープでとじるのだから，**辺の数の半分**でよいことになる。
① 3×14÷2＝21（cm）
② 3×14÷2＝21（cm）

3 小さな立方体の色のつき方としては次の①～③の3通りがある。
(イ)，(オ)は②のタイプ，(ウ)，(エ)は③のタイプである。(ア)と(カ)はとなり合う3面に色がつくタイプで，上の①～③のどれでもない。

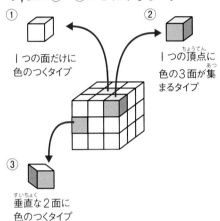

① 1つの面だけに色のつくタイプ
② 1つの頂点に色の3面が集まるタイプ
③ 垂直な2面に色のつくタイプ

チャレンジテスト③の答え 114ページ

1

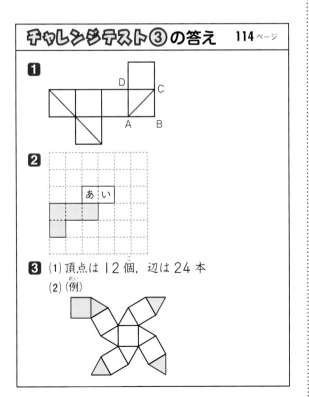

2

3 (1) 頂点は12個，辺は24本
(2) (例)

考え方・解き方

1 頂点を展開図にうつと，下のようになる。

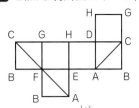

ある頂点から最も遠い頂点は（たとえばAならG，BならH）展開図上ではとなり合う2面の対角上にくることに注意すると頂点をうちやすい。

2 立方体の赤線の部分を切って，開くと中の図をかくと，右の図のようになる。底面と「あ」の面はつながっており，底面と左側の面と上面はつながっている。また，上面と後ろの面はつながっている。

3 上面の正方形の各辺に正三角形がつき，その正三角形1つずつに正方形がつき，その正方形に1つ正三角形がつき，最後に下面の正方形が1つつく。したがって，
正方形は 1＋4＋1＝6（個）
正三角形は 8個
頂点は各頂点に4つの頂点が集まっていること，辺は2つの辺が集まっていることから
頂点の個数

┌─ 正三角形の頂点の個数の和

$(\underline{4×6+3×8})÷4＝12$（個）

└─ 正方形の頂点の個数の和

辺の本数
$(4×6+3×8)÷2＝24$（本）
なお，展開図は，上の(例)だけとは限らない。
（自分の答えが正しいかどうかわからないときは組み立てて確かめてみよう。）

13 問題の考え方

確認テストの答え　117ページ

❶ (1)

130 円のまい数（まい）	1	2	3	4	5	6
100 円のまい数（まい）	5	6	7	8	9	10
合計金額（円）	630	860	1090	1320	1550	1780

(2) 9 まい

❷ (1) 7 個

(2)

200 円のゼリー（個）	7	6	5	4	3	2	1
残ったお金（円）	100	300	500	700	900	1100	1300
150 円のゼリー（個）	×	2	×	×	6	×	×

200 円…6 個　　150 円…2 個
または，
200 円…3 個　　150 円…6 個

❸ (1)

キャンディの個数（個）	1	2	3	4	5	6
買えるラムネの個数（個）	15	14	12	11	10	8
合計金額（円）	490	500	480	490	500	480

(2) キャンディ…2 個　　ラムネ…14 個

(3) （キャンディ，ラムネ）の順に
　　（5個，10個），（8個，6個），
　　（11個，2個）

考え方・解き方

❶ (1) 130 円のまい数が 1 まい増えるごとに，合計金額は
$100 + 130 = 230$（円）増える。

(2) 式で求める場合
$(1550 - 630) ÷ 230 = 4$
130 円のまい数は
$1 + 4 = 5$（まい）
したがって，100 円のまい数は
$5 + 4 = 9$（まい）

別の考え方　130 円のカードをあと 4 まい買うと 100 円のカードと同じまい数になるから，100 円のカードのまい数は
$(1550 + 130 × 4) ÷ (100 + 230) = 9$（まい）

❷ (1) $1500 ÷ 200 = 7$ あまり 100 より，
7 個買える。

(2) （1500 − 200 円のゼリーの代金）÷ 150 の計算をして，答えが整数になったときの，それぞれの個数を答える。

別の考え方　150 円ゼリーが奇数個だと代金の十の位が 5 になってしまうので，偶数個のときだけを調べる。

150 円のゼリー（個）	2	4	6	8
残ったお金（円）	1200	900	600	300
200 円のゼリー（個）	6	×	3	×

❸ (1) キャンディ 1 個を買う場合，
残金は　$500 - 40 × 1 = 460$（円）
$460 ÷ 30 = 15$ あまり 10
したがって，ラムネは 15 個買えて，10 円あまる。合計金額は　$500 - 10 = 490$（円）
他も同様にする。

(2) 個数がいちばん多いのは，ねだんの安いラムネを多く買う場合。
表より，キャンディ 2 個，ラムネ 14 個の場合であることがわかる。

(3) さらに表につづきをかくと，キャンディが 2 個，5 個，8 個，…と 3 個ずつ増えた個数でちょうど 500 円になることがわかる。
キャンディの買えるいちばん多い個数は
$\underline{(500 - 30)} ÷ 40 = 11$ あまり 30 より
　└問題文より 1 個はラムネも買うので
11 個だから，(2)の場合以外にも
キャンディ 5 個，8 個，11 個の場合がある。
それぞれのラムネの個数は
キャンディ 5 個のとき
$(500 - 40 × 5) ÷ 30 = 10$（個）
キャンディ 8 個のとき
$(500 - 40 × 8) ÷ 30 = 6$（個）
キャンディ 11 個のとき
$(500 - 40 × 11) ÷ 30 = 2$（個）

別の考え方　(3) 40 と 30 の最小公倍数は 120 である。$120 ÷ 40 = 3, 120 ÷ 30 = 4$ より，キャンディ 3 個とラムネ 4 個の代金が同じとなる。
(2)の場合から，キャンディを 3 個増やし，ラムネ 4 個をへらすと，ちょうど 500 円となる。よって，次の 3 通りである。
　キャンディ 5 個，ラムネ 10 個
　キャンディ 8 個，ラムネ 6 個
　キャンディ 11 個，ラムネ 2 個

確認テストの答え　119ページ

❶ ㋑, ㋓

❷ (1)

深さ(cm)	1	2	3	4	5
水の量(cm³)	10	20	30	40	50

(2) ○＝10×□

(3)
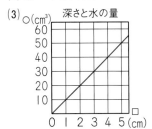
深さと水の量

❸ (1)

□	1	2	3	4
○	8	16	24	32

(2)

□	4	8	12	28
○	6	12	18	42

❹ (1) 0.4cm
(2) 60g

考え方・解き方

❶ ㋕　○＝40÷□という関係で，比例ではない。
　㋖　○＝300×□＋20　比例ではない。

❷ (1) たて×横×深さで水の量がわかる。
(3) 通る点をとってから線でつなぐ。0 を通る直線
　になることに注意する。

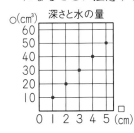
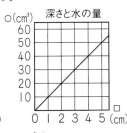

❸ (1) ○＝8×□になるように表をうめる。
(2) 12÷8＝1.5 より，□＝1 のとき，○＝1.5
　○＝1.5×□になるように表をうめる。

❹ 20cm で 50g であることを読み取る。
(1) 20÷50＝0.4(cm)
(2) 1cm では 50÷20＝2.5(g) より
　2.5×24＝60(g)

確認テストの答え　121ページ

❶ (1)

色板のまい数 (まい)	1	2	3	4	5
まわりの長さ(cm)	4	6	8	10	12

(2) 18cm　　　(3) 14 まい

❷ (1)

	2月	3月	4月
つよし (円)	2200	2550	2900
姉 (円)	1200	1800	2400
差 (円)	1000	1750	1500
合計 (円)	3400	4350	5300

(2) 6 月　　　(3) 10 月

❸ (1)

12cmの箱(個)	0	1	2	3
10cmの箱(個)	15	14	13	12
高さ(cm)	150	152	154	156

(2) 2cm ずつ増える。
(3) 12cm…7 個　　　10cm…8 個

考え方・解き方

❶ (2) 表から，色板が 1 まいのときまわりの長さは
　4cm で，色板が 1 まい増えるごとにまわりの長
　さは 2cm ずつ増えることがわかる。
　したがって，色板を 8 まいならべたときのまわ
　りの長さは
　$\underbrace{4}_{\text{1まい目のまわりの長さ}}+2\times\underbrace{(8-1)}_{\text{増えた色板の数}}=18(\text{cm})$

(3) 増えた色板の数は　(30−4)÷2＝13(まい)
　まわりの長さが 30cm のときの色板の数は，は
　じめの 1 まいを加えて
　13＋1＝14(まい)

❷ (1) つよしさんの 4 月の貯金の金額は
　2550＋350＝2900(円)
　お姉さんの貯金の金額は
　3 月…1200＋600＝1800(円)
　4 月…1800＋600＝2400(円)
　2 人の差と合計は
　2 月…2200−1200＝1000(円)
　　　　2200＋1200＝3400(円)
　3 月…2550−1800＝750(円)
　　　　2550＋1800＝4350(円)
　4 月…2900−2400＝500(円)
　　　　2900＋2400＝5300(円)

(2) 2人の貯金の金額が等しくなるのは差が0になるときだから，表の差に着目する。

差　1500　1250　1000　750　500
　　　　　−250　−250　−250　−250

去年の差は1500円で，1か月ごとに250円ずつへるから

　　1500÷250＝6より，6月

(3) 表の合計に着目する。

合計　1500　2450　3400　4350
　　　　　＋950　＋950　＋950

去年の合計は1500円で，1か月ごとに950円ずつ増えるから

　　（11000−1500）÷950＝10

したがって，10月

❸ (1) 10cmが15個　10×15＝150(cm)

12cmが1個，10cmが14個

　　12＋10×14＝152(cm)

つづきも同じように計算していく。

(2) 高さに着目する。

150　152　154　156
　　＋2　＋2　＋2

2cm ずつ増えている。

(3) 12cmの箱を増やすごとに高さは2cmずつ増えるから

　　（164−150）÷2＝7（個）…12cmの箱

　　15−7＝8(個) …10cmの箱

[知っておこう]　答えが求められたら，答えの確かめもしておく。

　　12×7＋10×8＝164(cm)　←正しい

チャレンジテスト①の答え　122ページ

❶ (1)

年後	今	1	2	3	4
おじさんの年令（才）	52	53	54	55	56
りょうさんの年令（才）	7	8	9	10	11
りょうさんの年令の4倍	28	32	36	40	44
おじさんの年令−りょうさんの年令の4倍（才）	24	21	18	15	12

(2) 8年後

❷ (1)

分後	はじめ	1	2	3	4
水そうAの水の量(L)	10	15	20	25	30
水そうBの水の量(L)	0	7	14	21	28
Aの水の量−Bの水の量(L)	10	8	6	4	2

(2) 5分後

❸ (1)

外側の1辺の個数（個）	4	5	6	7	8
全体の個数（個）	16	24	32	40	48

(2) 192個

(考え方・解き方)

❶ (2)（おじさんの年令−りょうさんの年令の4倍）は1年ごとに3ずつへっていく。

表のつづきをかくと，8年後に差が0になり，おじさんの年令はりょうさんの4倍になる。

❷ (2) 表のつづきをかいてみよう。

❸ (1) 外側の1辺の個数が1個増えるごとに，全体の個数は8個増える。

(2) 外側のまわりの個数が100個の場合，外側の1辺の個数は

　　100÷4＋1

　　＝26(個)

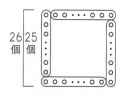

26　25
個　個

表より，外側の1辺の個数が1個増えるごとに全体の個数は8増えるから

　　16＋8×（26−4）＝192(個)

知っておこう

この問題のようにご石などを2列にならべたものを2列の中空方陣という。

図のように分けると
2列の中空方陣の個数は
（外側の1辺の個数－2）
×2×4とわかる。

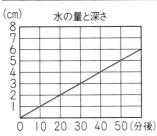

チャレンジテスト②の答え 123ページ

1 (1) 464L

(2)
時間（分後）	10	20	30	40	50
深さ（cm）	1	2	3	4	5

水の量と深さ

(3) 360 分後

(4) 26 時間 40 分後

2 (1)
140円のノートのさつ数（さつ）	1	2	3	4	5
120円のノートのさつ数（さつ）	19	18	17	16	15
代金（円）	2420	2440	2460	2480	2500

(2) 8 さつ

考え方・解き方

1 (1) 入る水の量は
$80 \times (50 + 10 + 40) \times 60$
$- 80 \times 10 \times 20$
$= 480000 - 16000$
$= 464000 \, (cm^3)$
$464000 cm^3 = 464L$

(2) ㋐の部分だけに水があるのは, 入った水の量が
$80 \times 50 \times 20 = 80000 \, (cm^3)$
すなわち 80L のときまで。
これは, 1分間に 4dL すなわち 0.4L の水が入るので
$80 \div 0.4 = 200 \, (分)$ までである。

10 分後には, $0.4 \times 10 = 4 \, (L)$ すなわち
4000cm³ 入るので, 深さは
$4000 \div (80 \times 50) = 1 \, (cm)$ 増える。

(3) ㋑の部分まで水がいっぱいになるのは入れた水の量が
$80 \times (50 + 40) \times 20 = 144000 \, (cm^3)$
のとき。すなわち 144L 入ったとき。
1分間に 0.4L 入るので
$144 \div 0.4 = 360 \, (分)$

(4) ㋑がいっぱいになったあと, 水道 A とはい水口 B をいっしょに開くと, 1分間に
$4 - 2 = 2 \, (dL)$ すなわち, 0.2L の水が増える。
いっぱいになるまでには, あと
$464 - 144 = 320 \, (L)$
入れる必要がある。
$320 \div 0.2 = 1600 \, (分後)$
$1600 \div 60 = 26 \, あまり \, 40$
より, 26 時間 40 分後

2 (2) 140円のノートが1さつ増えるごとに
$140 - 120 = 20 \, (円)$ 合計金額が上がる。
140円のノートが5さつのときから考えて
$2560 - 2500 = 60$
$60 \div 20 = 3$
より 3 さつ増えたとき。したがって
$5 + 3 = 8 \, (さつ)$

チャレンジテスト③の答え 124ページ

1 (1)
正方形の個数（個）	2	4	6	8	10	12
ぼうの本数（本）	7	12	17	22	27	32

(2) 42 本   (3) 36 個

2 (1)

自動車 A
ガソリンの量（L）	1	2	3	…	6	…	10
走れるきょり（km）	12	24	36	…	72	…	120

自動車 B
ガソリンの量（L）	1	2	3	4	…	9	10
走れるきょり（km）	10	20	30	40	…	90	100

(2) 2.5L

(3) 23L

考え方・解き方

1 (2) 正方形の個数とぼうの本数の関係を表にすると，次のようになる。

正方形の個数(個)	2	4	6	8	10
ぼうの本数　(本)	7	12	17	22	27

+5　+5　+5　+5

表から，正方形が2個のときぼうは7本で，正方形が2個増えるごとにぼうは5本ずつ増えることがわかる。

したがって，正方形を16個作るのに必要なぼうの数は

$$16 \div 2 = 8$$

↳2個ずつ増える

$$7 + 5 \times (8 - 1) = 42 (本)$$

(3) 増えた正方形の数は

$$(92 - 7) \div 5 \times 2 = 34 (個)$$

ぼうが92本のときの正方形の数は，はじめの2個を加えて，

$$34 + 2 = 36 (個)$$

別の考え方　はじめぼうをたてに2本置き，あとはぼうを5本置いていくと正方形が2個ずつできると考える。

(2) $16 \div 2 = 8$

$2 + 5 \times 8 = 42 (本)$

(3) $(92 - 2) \div 5 \times 2 = 36 (個)$

2 (2) それぞれの自動車が1Lのガソリンで何km走るかを求める。

A　$72 \div 6 = 12 (km)$

B　$40 \div 4 = 10 (km)$

1Lのガソリンで走れるきょりの差は，

$$12 - 10 = 2 (km)$$

したがって，$5 \div 2 = 2.5 (L)$

(3) 自動車Bがガソリンを50L使ったとすると，

$$10 \times 50 = 500 (km)$$

自動車Aが使ったガソリンを1Lずつ増やしていくと，走ったきょりがどのように変わっていくかを表にして調べる。

自動車A　(L)	0	1	2	3
自動車B　(L)	50	49	48	47
走ったきょり(km)	500	502	504	506

+2　+2　+2

自動車Aが使ったガソリンを1Lずつ増やしていくごとに走ったきょりが2kmずつ増えるから

$$(546 - 500) \div 2 = 23 (L) \cdots 自動車A$$

MEMO

MEMO

MEMO